ANDREAS IHL

# Service Recovery Paradox aus einer Customer Delight Perspektive

FGM-Verlag

Verlag der FGM Fördergesellschaft Marketing e. V.

an der Ludwig-Maximilians-Universität München

# Arbeitspapier zur Schriftenreihe SCHWERPUNKT MARKETING Band 209

**Herausgeber: Univ.-Prof. Dr. Paul W. Meyer †/Univ.-Prof. Dr. Anton Meyer**

Ihl, Andreas
Service Recovery Paradox aus einer Customer Delight Perspektive
FGM-Verl., Verl. der Fördergesellschaft Marketing e.V., 2014
(Arbeitspapier zur Schriftenreihe Schwerpunkt Marketing; Bd. 209)
ISBN 978-3-945496-01-5



**FGM Fördergesellschaft Marketing e.V. an der LMU München, Ludwigstr. 28 RG, 80539 München, www.marketingworld.de, Telefon 089/2180-2448, Telefax 089/2180-3322**



Druck: Books on Demand GmbH, Norderstedt

ISBN 978-3-945496-01-5

## Inhaltsverzeichnis

## Abbildungsverzeichnis

## Anhangsverzeichnis

## Abkürzungsverzeichnis

| | |
|---|---|
| Composite Reliability | CR |
| Cronbach´s Alpha | CA |
| Hypothese | H |
| Mittelwert | M |
| Wilk´s Lambda | Λ |
| Word of mouth | WOM |

# 1. Relevanz der Thematik und Zielsetzung der Arbeit

Dienstleistungsunternehmen sind bestrebt, den Serviceablauf hundert Prozent fehlerfrei zu gestalten (Bitner, Booms, & Mohr, 1994, p. 95). Jedoch werden aufgrund schwankender Erwartungen und der Einbeziehung des Kunden Dienstleistungsprozesse oftmals hoch komplex (Miller, Craighead, & Karwan, 2000, p. 388). So sehr sich Unternehmen auch anstrengen, es kann immer zu Problemen innerhalb des Service Encounters kommen (Hart, Heskett, & Sasser Jr., 1990, p. 148). Diese Tatsache könnte ein Problem darstellen, da es sehr viel kostspieliger ist neue Kunden zu gewinnen, als bestehende Kunden zu halten (Hart et al., 1990, p. 149). Dennoch muss ein Fehler nicht bedeuten, dass Kunden mit der Dienstleistung unzufrieden sind. Auch wenn Dienstleistungsanbieter nicht alle Probleme vermeiden können, so können sie doch in angemessener Form auf Fehler reagieren, um den Kunden doch noch zufriedenzustellen (Hart et al., 1990, p. 148). Ein Servicefehler kann hierbei definiert werden als, „any service-related mishaps or problems (real and/or perceived) that occur during a consumer´s experience with the firm" (Maxham, 2001, p. 11). Unter Recoverybemühungen können alle Ressourcen verstanden werden, die ein Dienstleister einsetzt, um einem Problem entgegenzuwirken (Smith, Bolton, & Wagner, 1999, p. 357). Eine effektive Servicerecovery kann aus ursprünglich unzufriedenen Kunden, Zufriedene machen. Tatsächlich wurde gezeigt, dass ein Servicefehler, auf den eine exzellente Reaktion folgt, positivere Konsequenzen mit sich bringt, als wenn der Service reibungslos abgelaufen wäre (Hart et al., 1990, p. 148). Wenn Unternehmen auf einen Fehler auf hervorragende Art und Weise reagieren, können sie Kunden auf Lebzeiten binden, da es sich hierbei um eine Aktion handelt, die über die eigentliche Aufgabe des Dienstleisters hinausgeht (Hart et al., 1990, p. 149). Aus diesen Gründen ist in der betrieblichen Praxis die Service Recovery nach einem Servicefehler von außerordentlich hoher Relevanz.

Diese Thematik hat auch in der Wissenschaft einen festen Platz. Verschiedene Wissenschaftler stellten Studien zu Kundenzufriedenheit, Wiederkaufabsichten und WOM nach einem Servicefehler an (Magnini, Ford, Markowski, & Honeycutt Jr, 2007, pp. 213-225; Matos, Henrique, & Rossi, 2007, pp. 60-77; McCollough, Berry, & Yadav, 2000, pp. 121-137; Michel & Meuter, 2008, pp. 441-457; Smith et al., 1999, pp. 356-372; Wirtz & Mattila, 2004, pp. 150-166). Ein Phänomen, welchem in diesem Zusammenhang besondere Bedeutung zukommt, ist das „Service Recovery Paradox" (McCollough et al., 2000, pp.

121-122). Dieses beschreibt genau diese paradoxe Situation, in der die Zufriedenheit eines Kunden nach einem Servicefehler und einer besonders guten Recovery höher ausfällt als bei einem reibungslosen Ablauf der gleichen Dienstleistung (McCollough et al., 2000, p. 122).

Lange war das Erreichen von Kundenzufriedenheit eine Kernthematik innerhalb des Marketing (Finn, 2005, p. 103). Während der 1990er Jahre hat sich jedoch ein neuer Literaturstrang herausgebildet, welcher sich neben der Kundenzufriedenheit auch mit dem Konstrukt Customer Delight beschäftigt (Finn, 2005, pp. 103-104). Hierbei ist es wichtig zu verstehen, dass Kundenzufriedenheit und Customer Delight zwar verwandte, jedoch durchaus verschiedene Konstrukte darstellen. Während Zufriedenheit eher eine kognitive Antwort darstellt, ist Begeisterung auf emotionaler Basis zu verstehen (Finn, 2005, p. 123).

In der vorliegenden Arbeit sollen diese beiden Aspekte miteinander kombiniert werden. So soll untersucht werden, ob und unter welchen Bedingungen ein Service Recovery Paradox-Effekt nachzuweisen ist. Diese Arbeit geht im Vergleich zu bestehender Literatur einen Schritt weiter und untersucht, ob und wann ein Servicefehler gefolgt von einer hervorragenden Fehlerbehebung die Emotion der Begeisterung entstehen lässt, und ob diese höher ausfällt als in einer fehlerfreien Situation. Gleichzeitig wird auch die bisherige Sichtweise mit einbezogen und analysiert, wie sich die Effekte auf Customer Delight und Kundenzufriedenheit unterscheiden. Im Speziellen werden hierbei die Faktoren Kompensation, ein höflicher Umgang mit einer Entschuldigung und das Ausmaß des Fehlers genauer betrachtet. Folgende Fragen sollen in dieser Arbeit schließlich beantwortet werden: Welchen Einfluss hat eine Kompensation, ein höflicher Umgang mit einer Entschuldigung und das Fehlerausmaß auf Kundenzufriedenheit und Customer Delight? Wie unterscheiden sich diese Wirkungen auf Kundenzufriedenheit und Customer Delight? Existiert ein Service Recovery Paradox aus Sicht von Customer Delight und Kundenzufriedenheit in diesem Kontext? Lässt sich das Service Recovery Paradox besser durch Customer Delight als durch Kundenzufriedenheit erklären?

Hierzu werden zuerst die theoretischen Grundlagen des Service Recovery Paradox geklärt. Anschließend wird der Stand der Forschung auf diesem Gebiet aufgezeigt. Im Anschluss daran soll das Konstrukt Customer Delight näher betrachtet werden. Schließlich wird die Sichtweise des Delight auf das

Paradox angewandt und die zu testenden Hypothesen werden formuliert. Es folgt eine experimentelle Untersuchung. Mittels einer szenariobasierten Befragung sollen diese Hypothesen auf ihren Wahrheitsgehalt hin geprüft und die Auswirkungen der Kompensation, eines höflichen Umgangs mit einer Entschuldigung sowie des Fehlerausmaßes auf die Kundenzufriedenheit und Customer Delight getestet werden.

## 2. Service Recovery Paradox und Customer Delight

In dieser Arbeit wird das Service Recovery Paradox aus Sicht von Customer Delight betrachtet. Zum besseren Verständnis der Thematik und der folgenden empirischen Untersuchung ist eine theoretische Erläuterung zu dem Phänomen des Service Recovery Paradox sowie zu Customer Delight notwendig. Hierzu sollen zunächst die theoretischen Grundlagen des Service Recovery Paradox beleuchtet und ein Überblick von bestehender Literatur gegeben werden. Anschließend wird das Konstrukt Customer Delight näher analysiert. Schließlich wird das Service Recovery Paradox mit dem Konstrukt Customer Delight integriert sowie die empirisch zu testenden Hypothesen formuliert.

### 2.1 Service Recovery Paradox

Im Folgenden soll das Service Recovery Paradox näher erläutert und auf die theoretischen Grundlagen eingegangen werden. Im Anschluss veranschaulicht ein Literaturüberblick die bisherige Forschung auf diesem Gebiet.

#### 2.1.1 Theoretische Fundierung

Das Service Recovery Paradox beschreibt eine Situation, in der die Zufriedenheit eines Kunden mit einer Dienstleistung nach dem Auftreten eines Fehlers und dem erfolgreichen Beheben, sich auf demselben oder einem höheren Niveau befindet, als wenn dieser Fehler niemals aufgetreten wäre (McCollough et al., 2000, p. 122).

Als theoretische Erklärungsansätze für dieses Phänomen können zum einen die „Confirmation/Disconfirmation Theory", die „Script Theory" sowie die „Commitment-trust Theory for Relationship Marketing" herangezogen werden (Magnini et al., 2007, p. 214).

Entsprechend der Confirmation/Disconfirmation Theory ist Kundenzufriedenheit bzw. Unzufriedenheit das Resultat eines Vergleichs von Erwartungen und wahrgenommener Leistung des Dienstleisters. Erwartungen des Kunden bilden einen Bezugsrahmen bezüglich der Performance des Dienstleisters, mit welchem die wahrgenommene Leistung verglichen wird, um sich ein Urteil über diese bilden zu können (Oliver, 1980, pp. 460-461; 1993, p. 419). Das Erfüllen dieser Erwartungen führt zu Konfirmation. Übersteigt die Leistung des Dienstleisters die Erwartungen des Kunden, so resultiert dies in einer positiven Diskonfirmation. Bleibt die Leistung eines Dienstleisters hinter den Erwartungen des Kunden zurück, entsteht negative Diskonfirmation (Oliver, 1980, pp. 460-461). Allgemein lässt sich festhalten, je negativer die Diskonfirmation, umso höher die Unzufriedenheit und je positiver die Diskonfirmation, umso höher die Zufriedenheit (McCollough et al., 2000, p. 122). Dieser Abgleich bezieht sich auf den gesamten Dienstleistungsprozess und wurde auch auf das Korrigieren von Fehlern bei der Erbringung von Dienstleistungen angewandt (Singh & Widing, 1991, pp. 30-33). Im Falle eines Fehlers werden kundenseitig die Erwartungen bezüglich der Recovery mit der wahrgenommen Performance des Dienstleisters abgeglichen. Ergibt sich aus diesem Abgleich eine positive Diskonfirmation, ist es möglich, dass eine Situation entsteht, wie es durch das Service Recovery Paradox beschrieben wird. Die Zufriedenheit des Kunden mit der Art und Weise, wie das Problem gelöst wurde, übersteigt die Zufriedenheit mit der ursprünglichen Leistung des Dienstleisters vor Auftreten des Fehlers (Matos et al., 2007, p. 61). Resultiert dieser Abgleich jedoch in negativer Diskonfirmation, gibt es einen verstärkten Effekt in Richtung Unzufriedenheit, da einem Servicefehler eine schwache Lösung des Problems folgt (Bitner, Booms, & Tetreault, 1990, p. 80).

Eine weitere theoretische Grundlage zur Erklärung des Service Recovery Paradox liefert die Script Theory (Magnini et al., 2007, p. 214; Matos et al., 2007, p. 61). Entsprechend der Script Theory besitzen Kunden und Mitarbeiter ähnliche kognitive Schemata, nach welchen ein bestimmter Dienstleistungsprozess abzulaufen hat. Diese beziehen sich sowohl auf den erwarteten Ablauf als auch auf die ihnen zugewiesenen Rollen innerhalb dieses Ablaufs (Bitner et al., 1994, p. 102). Servicefehler sind Abweichungen von diesen Schemata, welche zu einer erhöhten Sensibilität bezüglich des Fehlers und dessen Kompensation führen (Magnini et al., 2007, p. 214; Matos et al., 2007, p. 61). Für die Evaluation der Gesamtzufriedenheit mit der Dienstleistung wird der Korrektur bzw. Kompensation des Servicefehlers eine größere Bedeutung zugewiesen als der ursprünglichen Zufriedenheit, vor Aufkommen des Fehlers (Bitner et al., 1990, p. 80). So liefert die Script Theory eine weitere theoretische Grundlage für das Auftreten des Service Recovery Paradox (Magnini et al., 2007, p. 214; Matos et al., 2007, p. 61).

Schließlich ist in diesem Zusammenhang Morgans und Hunts (1994) Commitment-trust Theory for Relationship Marketing zu erwähnen (Magnini et al., 2007, p. 214; Matos et al., 2007, pp. 61-62). Tiefes Vertrauen zwischen Kunden und Dienstleistern entsteht, wenn der Kunde sich auf diesen verlassen und sich dessen Integrität sicher sein kann (Morgan & Hunt, 1994, p. 23). Die effektive Lösung eines Fehlers in einem Dienstleistungsprozess und das Relationship Marketing sind ähnlich, da sich beide Ansätze auf Vertrauen, Commitment sowie Zufriedenheit fokussieren (Matos et al., 2007, p. 62). Eine hervorragende Fehlerbehebung hat direkten Einfluss auf das Vertrauen, das ein Kunde einem Dienstleister entgegenbringt (Tax, Brown, & Chandrashekaran, 1998, p. 61). Wenn mit einem Fehler in einer für den Kunden adäquaten Form umgegangen wird, signalisiert dies dem Kunden, dass das Unternehmen fähig und daran interessiert ist, diesen zu beheben (Matos et al., 2007, p. 62). Als Resultat ergibt sich hieraus ein positiver Einfluss auf das Vertrauen des Kunden gegenüber dem Unternehmen (Achrol, 1991, p. 81), was wiederum zu einer Situation führen kann, wie es durch das Service Recovery Paradox beschrieben wird (Magnini et al., 2007, p. 214; Matos et al., 2007, p. 62).

### 2.1.2 Bisherige Forschungsbeiträge

Das adäquate Reagieren nach Auftreten eines Fehlers und - in diesem Zusammenhang auch - das Service Recovery Paradox wurde in der Servicemarketing Literatur vielseitig beleuchtet. Es wurden empirische Studien angestellt, um dieses Phänomen und seine Einflussgrößen genauer zu untersuchen (Magnini et al., 2007, pp. 213-225; Matos et al., 2007, pp. 60-77; McCollough et al., 2000, pp. 121-137; Michel & Meuter, 2008, pp. 441-457; Smith et al., 1999, pp. 356-372; Wirtz & Mattila, 2004, pp. 150-166). Die Ergebnisse bezüglich Einflussgrößen und Auswirkungen waren jedoch nicht immer unterstützend. Während einige Studien die Existenz des Paradox nachweisen konnten, mussten Andere den Schluss zulassen, dass dieses innerhalb ihrer Untersuchungen nicht auftrat (Matos et al., 2007, p. 61). Die folgende Tabelle gibt einen Überblick über einige einschlägige Studien in diesem Bereich. Diese werden im Anschluss genauer betrachtet.

| Autor | Inhalt | Variablen | Ergebnisse |
|---|---|---|---|
| Smith et al. 1999 | Auswirkungen des Fehlerkontextes und Recovery-eigenschaften auf wahrgenommene Gerechtigkeit und Zufriedenheit | AV:<br>- Distributive Gerechtigkeit<br>- Prozedurale Gerechtigkeit<br>- Interaktionale Gerechtigkeit<br>- Kundenzufriedenheit<br>UV:<br>- Fehlertyp<br>- Fehlerausmaß<br>- Kompensation<br>- Reaktionsgeschwindigkeit<br>- Entschuldigung<br>- Proaktives Verhalten | - Zufriedenheit abhängig von:<br>- Fehlertyp<br>- Fehlerausmaß<br>- Kompensation nicht zwingend für Gerechtigkeit |
| Mc-Collough et al. 2000 | Auswirkungen ursprünglicher Diskonfirmation, Recovery Diskonfirmation & wahrgenommener Gerechtigkeit auf Zufriedenheit | AV:<br>- Zufriedenheit<br>UV:<br>- Fehlererwartungen<br>- Performance<br>- Erwartungen bzgl. Kompensation<br>- Performance bzgl. Kompensation<br>- Interaktionale Gerechtigkeit<br>- Distributive Gerechtigkeit | - SRP nicht bestätigt<br>- Zufriedenheit ohne Fehler am Höchsten<br>- Kompensation nur mildernd<br>- Gerechtigkeit als wichtige Determinante |
| Wirtz et al. 2004 | Auswirkungen von wahrgenommener Fairness auf die Zufriedenheit mit Recovery, WOM, Wiederkaufab-sichten | AV:<br>- Zufriedenheit mit Fehlerbehebung<br>- WOM<br>- Wiederkaufabsicht<br>UV:<br>- Distributive Gerechtigkeit<br>- Interaktionale Gerechtigkeit<br>- Prozedurale Gerechtigkeit | - Unmittelbare Reaktion & Entschuldigung von hoher Bedeutung<br>- Entschuldigung & Schnelligkeit besonders bei fehlender Kompensation wichtig<br>- Zufriedenheit mediiert WOM & Wiederkaufabsichten |
| Magnini et al. 2007 | Auswirkung einer exzellenten Recovery auf den SRP-Effekt | AV:<br>- Kundenzufriedenheit nach Recovery<br>UV:<br>- Fehler & exzellente Recovery<br>Moderatoren:<br>- Schwere des Fehlers<br>- Ursache des Fehlers<br>- Vorerfahrungen mit dem Unternehmen<br>- Vorerfahrungen bezüglich eines Fehlers mit dem Unternehmen<br>- Kontrolle des Unternehmens | - SRP-Effekt bei exzellenter Recovery<br>- Effekt umso höher bei:<br>- geringfügigem Fehler<br>- erstem Fehler<br>- variabler Ursache<br>- geringer Kontrolle des Unternehmens |
| Michel et al. 2008 | Auswirkungen von Fehler & Recovery auf Zufriedenheit und WOM | AV:<br>- Zufriedenheit<br>- WOM<br>UV:<br>- Fehler & Recovery | - SRP bestätigt: Auswirkungen auf Zufriedenheit und WOM nach exzellenter Recovery am Höchsten |

Abb. 1: Stand der Forschung/ Quelle: eigene Darstellung

Magnini et al. (2007) untersuchten die Auswirkungen einer hervorragenden Recoverybemühung seitens des Unternehmens auf die Zufriedenheit bei Eintreffen eines Servicefehlers (Magnini et al., 2007, p. 215). Sie stellten dabei die Hypothese auf, dass die Zufriedenheit eines Kunden nach einem Fehler und einer exzellenten Recovery höher ausfällt, als wenn dieser

Fehler nie aufgetreten wäre. Mit dieser Hypothese wird das Service Recovery Paradox direkt getestet (Magnini et al., 2007, pp. 213-215). Des Weiteren wurden folgende Moderatorvariablen in das Modell mit aufgenommen: Ausmaß des Fehlers, Erfahrungen mit einem früheren Fehler, generelle Vorerfahrung mit dem Unternehmen, Stabilität des Grundes des Fehlers, Kontrolle des Unternehmens auf das Auftreten des Fehlers (Magnini et al., 2007, p. 215). Es wird vermutet, dass das Service Recovery Paradox eher eintritt, wenn das Ausmaß des Fehlers als gering eingestuft wird, wenn es sich um den ersten Fehler mit dem Dienstleister handelt, eine längere Beziehung zwischen Kunden und Unternehmen besteht, die Gründe für den Fehler nicht als stabil eingestuft werden und der Dienstleister die Gründe für den Fehler nicht unter Kontrolle hat (Magnini et al., 2007, pp. 214-216). Hierzu führte man eine szenariobasierte Befragung durch, bezogen auf einen Hotelkontext. Als Probanden wurden Bachelorstudierende herangezogen. Des Weiteren lag ein Laborexperiment vor (Magnini et al., 2007, p. 217). Die Ergebnisse konnten den Service Recovery Paradox-Effekt bestätigen und auch die Moderatorvariablen wirkten sich so aus, wie in den formulierten Hypothesen vermutet (Magnini et al., 2007, pp. 219-220).

Smith et al. (1999) analysierten die Auswirkungen und das Zusammenspiel von Fehlerkontext und Eigenschaften der Failure Recovery auf die wahrgenommene Gerechtigkeit und Zufriedenheit. Der Fehlerkontext ergibt sich aus der Art des Fehlers (Prozessfehler vs. Ergebnisfehler) und Ausmaß des Fehlers (Smith et al., 1999, pp. 356-358). Die Eigenschaften der Failure Recovery beinhalten die Kompensation, die Geschwindigkeit, eine Entschuldigung und ein proaktives Verhalten des Unternehmens, sprich, dass ein Dienstleister aktiv wird, bevor der Kunde eine Beschwerde an diesen richtet (Smith et al., 1999, p. 358). Es wird vermutet, dass sich die oben erwähnten Eigenschaften positiv auf die wahrgenommene Gerechtigkeit (distributiv, interaktional, prozedural) und die Kundenzufriedenheit auswirken (Smith et al., 1999, pp. 358-359). Gleichzeitig werden Hypothesen darüber formuliert, dass der Fehlerkontext in die Beurteilung des Kunden mit hineinspielt. Bezogen auf die Fehlerart wird angenommen, dass eine Kompensation und eine schnelle Behebung des Fehlers einen stärkeren (positiven) Einfluss auf die wahrgenommene Gerechtigkeit aufweisen, wenn ein Ergebnisfehler vorliegt. Im Gegensatz dazu soll sich eine Entschuldigung und ein proaktives Verhalten eher bei einem Prozessfehler auszahlen (Smith et al., 1999, p. 360). In Bezug auf die Schwere des Fehlers wird davon ausgegangen, dass alle oben genannten Eigenschaften des Recoveryprozesses sich positiver auswirken, je geringer der Fehler wahrgenommen wird (Smith et al., 1999, p. 361). Es erfolgte eine szenariobasierte Befragung im Hotel- und Restaurantkontext. Für beide Szenarien wurden Probanden ausgewählt, die kürzlich die konkrete Dienstleistung genutzt hatten (Smith et al., 1999, p. 362). Die Hypothesen konnten zum großen Teil bestätigt werden. Die Annahmen, dass sich eine schnelle Fehlerbehebung stärker bei einem Ergebnisfehler, dass sich eine Entschuldigung positiver bei einem Prozessfehler und ein proaktives Verhalten stärker bei einem Prozessfehler auswirken, konnten nur im Hotelkontext nachgewiesen werden, nicht aber im Restaurantkontext. Die Hypothesen, dass sich eine Entschuldigung positiver bei einem geringen Servicefehler auswirkt, musste verworfen werden, ebenso, dass bei einem leichteren Fehler proaktives Verhalten stärker ins Gewicht fällt (Smith et al., 1999, p. 368).

Die Reaktionen von Kunden auf Kompensation, Geschwindigkeit und Entschuldigung bei der Fehlerbehebung wurden auch von Wirtz und Mattila (2004) genauer betrachtet. Kompensation wurde benutzt, um den Aspekt der distributiven Gerechtigkeit abzubilden. Die Schnelligkeit der Reaktion steht für die prozedurale und die Entschuldigung für die interaktionale Gerechtigkeit (Wirtz & Mattila, 2004, p. 152). Auch hier wird die Auswirkung dieser Variablen auf die Zufriedenheit mit dem Recoveryprozess gemessen. Weiter wird in dieser Untersuchung angenommen, dass die Zufriedenheit die Wiederkaufabsichten und WOM vollständig mediiert (Wirtz & Mattila, 2004, pp. 153-154). Auch in dieser Studie wurde eine szenariobasierte Befragung mit 187 Berufstätigen im Restaurantkontext durchgeführt (Wirtz & Mattila, 2004, p. 155). Die Ergebnisse lassen den Schluss zu, dass eine Entschuldigung sowie eine rasche Reaktion einen signifikanten Einfluss auf die Zufriedenheit haben und besonders bei fehlender Kompensation von hoher Relevanz sind. Die Zufriedenheit wirkt sich weiter signifikant auf die Wiederkaufabsichten sowie WOM aus (Wirtz & Mattila, 2004, pp. 158-160).

Wie bereits unter 2.1.1 gezeigt, lässt sich das Service Recovery Paradox aus der Disconfirmation Theory ableiten. Dabei spielen Erwartungen des Kunden eine wesentliche Rolle. Diese Erwartungen ließen McCollough et al. (2000) in ihre empirischen Untersuchungen mit einfließen (McCollough et al., 2000, pp. 123-124). Zufriedenheit hat in diesem Modell zwei Komponenten: Zum einen die Diskonfirmation mit der ursprünglichen Leistung des Dienstleisters, zum anderen die Diskonfirmation bezüglich des Recoveryprozesses. Die ursprüngliche Diskonfirmation ist eine Funktion der Diskrepanz zwischen der Erwartung, dass ein Fehler auftritt, und der Performance des Dienstleisters. Die Diskonfirmation bezüglich der Recovery stellt die Diskrepanz zwischen der Erwartung des Kunden, welche Schritte bezüglich des Fehlers unternommen werden sollten, und welche der Dienstleister tatsächlich vornimmt, dar (McCollough et al., 2000, p. 122). In einer zweiten Studie wurde auch der Einfluss von Kompensation und Entschuldigung auf die Zufriedenheit untersucht (McCollough et al., 2000, pp. 122; 124-125). In Bezug auf das Service Recovery Paradox wurde angenommen, dass der Effekt umso ausgeprägter ist, je größer die Fehlererwartung des Kunden, je geringer die Erwartungen bezüglich der Recovery und je höher die Performance bei der Recovery (McCollough et al., 2000, p. 124). Des Weiteren wurde vermutet, dass die Kompensation und Entschuldigung einen signifikant positiven Einfluss auf die Zufriedenheit aufweist (McCollough et al., 2000, p. 125). Dies wurde in einem Feldexperiment getestet. Den Ergebnissen zufolge hat nur eine Entschuldigung einen signifikanten Einfluss auf die Zufriedenheit. Auch konnte diese Studie keinen Beleg für das Service Recovery Paradox liefern (McCollough et al., 2000, p. 131).

Eine letzte Studie, die in diesem Zusammenhang erwähnt werden soll, wurde von Michel und Meuter (2008) durchgeführt. Diese Untersuchung analysierte direkt das Auftreten des Service Recovery Paradox. Dafür wurde die Hypothese aufgestellt, dass die Zufriedenheit von Kunden bzw. die Weiterempfehlungsrate, die einen Fehler gefolgt von einer hervorragenden Recoverybemühung erlebt haben, höher ausfällt, als die derjenigen Kunden, die eine fehlerfreie Dienstleistung erhalten haben (Michel & Meuter, 2008, pp. 445-446). Hierzu wurde ein Feldexperiment an einer repräsentativen Stichprobe von Bankkunden durchgeführt (Michel & Meuter, 2008, p. 447). Die Ergebnisse unterstützen die vermuteten Hypothesen und das Eintreffen des Service Recovery Paradox in diesem Kontext (Michel & Meuter, 2008, p. 451).

## 2.2 Customer Delight

In dieser Arbeit soll das Service Recovery Paradox nicht wie in den vorangegangenen Studien aus Sicht von Kundenzufriedenheit betrachtet werden, sondern aus einer „Customer Delight“ Perspektive. Hierfür ist es zweckmäßig Customer Delight näher zu beleuchten und das Konstrukt von Zufriedenheit abzugrenzen.

### 2.2.1 Emotionstheoretische Grundlagen

In diesem Abschnitt sollen die theoretischen Grundlagen für das Konstrukt Customer Delight sowie die Entstehung von Begeisterung näher erläutert werden.

Customer Delight bzw. Kundenbegeisterung kann als eine emotionale Antwort auf eine überraschende und positive Leistung eines Dienstleisters verstanden werden (Finn, 2005, p. 104). Diese Emotion verspüren Kunden, wenn die Erfahrung, die sie mit einem Produkt oder Dienstleistung machen, nicht nur zufriedenstellend ist, sondern unerwarteten Wert für sie beinhaltet (Chandler, 1989, p. 30). Plutchik (1980) untersuchte das Entstehen menschlicher Emotionen und fand heraus, dass diese sich aus acht unterschiedlichen Basisemotionen zusammensetzen. Nach der psychoevolutionären Theorie von Plutchik sind diese acht Basisemotionen Freude, Akzeptanz, Angst, Trauer, Ekel, Wut, Überraschung und Erwartung. Delight wird als second-order Emotion definiert, die sich aus „joy" und „surprise", also aus Freude und Überraschung zusammensetzt (Plutchik, 1980, pp. 154-162). Russel (1980) nimmt einen anderen Aspekt auf und charakterisiert Delight als ein Zusammenspiel von „pleasure" und „arousal" (Russell, 1980, p. 1167).

Diese psychologischen Sichtweisen auf Begeisterung integrierten Oliver et al. (1997) mit der oben bereits erwähnten Disconfirmation Theory, um ein umfassenderes Verständnis von Customer Delight zu gewinnen (Oliver, Rust, & Varki, 1997, pp. 314-318). Dieser integrierten Sichtweise nach führt eine überraschende positive Konsumerfahrung zu emotionaler Erregung, was wiederum in positiven Emotionen (z.B. Freude) resultiert und sich schließlich in Begeisterung niederschlägt (Oliver et al., 1997, p. 319; 327).

### 2.2.2 Delight vs. Zufriedenheit

Die Ergebnisse der Studie von Oliver et al. (1997) untermauern auch den in der Literatur viel diskutierten Unterschied zwischen Kundenzufriedenheit und Customer Delight. Zufriedenheit stellt eine Funktion aus Diskonfirmation und einem „positive affect" dar. So beinhaltet die Zufriedenheit zwar eine emotionale Komponente, ist jedoch eher kognitiv zu verstehen (Oliver et al., 1997, p. 327), während Delight eine rein emotionale Reaktion repräsentiert (Finn, 2005, p.

112). Eine weitere theoretische Grundlage zur Unterscheidung der beiden Konstrukte und zur Untermauerung, dass diese zwar miteinander verwandt sind, jedoch als verschieden angesehen werden müssen, liefert die oben bereits vorgestellte Disconfirmation Theory. Kundenzufriedenheit wird durch das Treffen bzw. Übertreffen von Erwartungen erreicht. Um die emotionale Reaktion des Customer Delight zu erreichen, muss der Kunde eine positive Überraschung wahrnehmen, die er nicht erwartet hat (Berman, 2005, p. 129). Im Gegensatz zu dem Ziel den Kunden zufriedenzustellen, reicht es hier nicht aus, Erwartungen zu erfüllen. Vielmehr verlangt es eine außergewöhnliche Leistung seitens des Unternehmens (Berman, 2005, p. 134). Um den Unterschied der beiden Konstrukte weiter zu veranschaulichen, entwickelte Berman (2005) eine Vierfeldermatrix. Das Vorhandensein einer Erwartung (vorhanden vs. nicht vorhanden) und die wahrgenommene Leistung des Unternehmens (positiv vs. negativ) stellen dabei die Dimensionen dar. Existieren Erwartungen seitens des Kunden, kann dies in einem Abgleich mit der Leistung in Zufriedenheit (wahrgenommene Leistung positiv) bzw. Unzufriedenheit (wahrgenommene Leistung negativ) resultieren. Bezieht sich die Beurteilung der Leistung des Produkts oder Dienstleistung nicht auf vorherige Erwartungen, so führt dies im positiven Fall zu Delight (Berman, 2005, p. 135). Somit wird deutlich, dass der Aspekt der Überraschung für die Unterscheidung von Zufriedenheit und Delight von wesentlicher Bedeutung ist (Berman, 2005, pp. 135-136).

Dies stimmt mit der oben bereits dargestellten Definition von Plutchik (1980) und auch mit der Untersuchung von Oliver et al. (1997) überein. Eine Leistung, die positiv überrascht, führt so zu Delight, während eine positive erwartete Leistung in Zufriedenheit mündet (Berman, 2005, p. 136). Aus dieser Veranschaulichung wird deutlich, dass die Erwartungen des Kunden in der Unterscheidung dieser beiden Konstrukte von zentraler Bedeutung sind. So kann im Gegensatz zu Zufriedenheit Delight nur entstehen, wenn der Kunde sich im Vorfeld keine Erwartungen über den speziellen Aspekt der Dienstleistung gebildet hat (Berman, 2005, pp. 135-136).

Das Konstrukt Customer Delight zeigt hohe Relevanz, da es signifikante Auswirkungen auf die zukünftigen Verhaltensabsichten der Kunden aufweist (Finn, 2005, p. 112). Customer Delight stellt eine direkte Einflussgröße auf die Verhaltensabsichten der Kunden parallel zu Zufriedenheit dar und muss daher als eigenes Konstrukt verstanden werden, nicht als eine besonders positive Ausprägung von Zufriedenheit (Finn, 2012, p. 100;106). Eine der Folgen von Customer Delight ist eine signifikant positive Auswirkung auf die Wiederkaufabsicht (Finn, 2005, p. 112). Berman (2005) argumentiert, dass begeisterte Kunden aufgrund des erlebten positiven Überraschungseffekts, welchen Delight beinhaltet, diese Erfahrungen zu einem höheren Grad weitergeben. Wichtig erscheint hier die Frage, inwieweit sich die Kundenloyalität signifikant erhöht, wenn Kunden von zufrieden zu begeistert wechseln (Magnini, Crotts, & Zehrer, 2011, p. 537). Einige Studien kamen zu dem Schluss, dass Loyalität zwar schon beim Status der Zufriedenheit ausgeprägt ist, sich jedoch mit dem Erreichen von Delight nochmals signifikant erhöht (Oliva, Oliver, & MacMillian, 1992, p. 88). Dennoch gibt es auch konträre Befunde, die den Schluss zulassen müssen, dass Delight nicht zu einer höheren Kundenbindung als Zufriedenheit führt (Ngobo, 1999, p. 475). Insgesamt wurde Customer Delight weniger umfassend untersucht als Kundenzufriedenheit. Insbesondere der Effekt einer effektiven Service Recovery auf Delight, als eigenständige emotionale Reaktion, ist in der bisherigen Literatur kaum zu finden.

## 2.3 Service Recovery Paradox aus einer Customer Delight Perspektive

Um die bisherige Forschungslücke zu schließen, soll das Service Recovery Paradox in dieser Arbeit nicht nur unter dem Aspekt der Zufriedenheit als abhängige Variable betrachtet werden, sondern auch aus einer Customer Delight Perspektive.

Unter den verschiedenen Gerechtigkeitsaspekten, wie sie schon in den Studien unter Punkt 2.1.2 aufgezeigt wurden (prozedural, distributiv, interaktional), stellt die Reaktion des Kunden auf einen Recoveryprozess seitens des Dienstleisters eine eher emotionale Antwort dar (Mccoll-Kennedy & Sparks, 2003, p. 252). Die Intensität dieser emotionalen Reaktion ist davon abhängig, wie wichtig die Dienstleistung für den Kunden ist (Mccoll-Kennedy & Sparks, 2003, p. 254). So kann eine besonders positive Erfahrung in der Emotion der Begeisterung resultieren. Dies kann im Speziellen der Fall sein, wenn der Kunde das Gefühl verspürt, dass der Dienstleister alles Mögliche versucht, um den Fehler zu beheben und dass der Fehler nicht in der Kontrolle des Anbieters lag (Mccoll-Kennedy & Sparks, 2003, p. 262). Dennoch wurden diese emotionalen Reaktionen auf einen Servicefehler mehr im negativen, wie bspw. Ärger oder

Wut, betrachtet (Mccoll-Kennedy & Smith, 2006, pp. 247-248). Vor dem Hintergrund des Service Recovery Paradox scheint es jedoch sinnvoll, die positiven Aspekte dieser emotionalen Reaktion zu beleuchten.

Um auf das in 2.1.1 bereits erwähnte Diskonfirmation Paradigma zurückzukommen, bietet eine besondere Anstrengung des Dienstleisters eine Möglichkeit etwas zu leisten, was der Kunde nicht erwartet hätte und ihn so zu begeistern (Berman, 2005, p. 136) und nicht nur zufriedenzustellen. Das adäquate Reagieren auf einen Servicefehler bietet die Möglichkeit die Kunden positiv zu überraschen (Andreassen, 2000, p. 166). Dieser positive Überraschungseffekt ist, wie bereits erwähnt, ein wesentlicher Bestandteil von Delight. Johnston (2004) argumentiert weiter, dass effektive Beschwerdemanagementsysteme und Recoverybemühungen als integrativer Bestandteil des Konstrukts „Service Excellence" angesehen werden müssen, welches wiederum zu der gewünschten emotionalen Antwort des Delight führt (Johnston, 2004, p. 133). Verschiedene Wissenschaftler untersuchten das Service Recovery Paradox schon unter dem Aspekt des Delight. Dennoch wurde Customer Delight in diesen Studien nie als eigenständiges Konstrukt betrachtet, sondern nur als eine hohe Ausprägung von Zufriedenheit (Andreassen, 2001, pp. 39-42; Estelami, 2000, p. 290). So unterscheidet sich das Verständnis von Delight in dieser Arbeit von dem Vorangegangen, in dem Aspekt, dass Delight als eigenes Konstrukt verstanden wird, welches wie bereits beschrieben, eine emotionale Reaktion seitens des Kunden auf eine Servicerecovery abbildet und nicht als eine hohe Ausprägung des eher kognitiven Konstrukts der Kundenzufriedenheit verstanden werden darf.

Alle diese aufgeführten Argumente zeigen auf, dass die Sichtweise des Customer Delight für das Service Recovery Paradox, also das Eintreffen einer Situation, in der ein Kunde nach einem Servicefehler und dessen Behebung begeistert ist, während er bei einem reibungslosen Ablauf dieses Gefühl nicht oder in geringerem Ausmaß verspürt, besser geeignet erscheint als die bisherige Sichtweise mit Zufriedenheit als abhängige Variable.

Ziel dieser Arbeit ist es zu untersuchen, ob und unter welchen Bedingungen das Service Recovery Paradox auftritt. Im Speziellen sollen die Auswirkungen einer Kompensation, höflichen Umgangs mit Entschuldigung und der Schwere des Fehlers analysiert und aufgezeigt werden, wie sich diese auf Customer Delight auswirken. Des Weiteren ist zu untersuchen, wie sich die Effekte auf Kundenzufriedenheit und Customer Delight unterscheiden.

Basierend auf vorangegangen Studien wird hierzu vermutet, dass die Höhe der Kompensation eine entscheidende Rolle spielt (siehe Tabelle Abb. 1). Der primäre Grund, warum Kunden eine Beschwerde an einen Dienstleister richten, ist, dass sie einen wahrgenommenen Verlust ausgeglichen haben wollen. Daher spielt die Kompensation im Recoveryprozess eine ausschlaggebende Rolle. So lässt sich vermuten, dass die Zufriedenheit sowie die Begeisterung nach einem Servicefehler von der Höhe der Kompensation abhängt (Estelami, 2000, p. 289). Johnston (1999) fand heraus, dass ein angebotener Nachlass auf die angefallenen Kosten des Kunden zu der positiven Reaktion des Customer Delight führen kann (Johnston & Fern, 1999, p. 80).

*H1a: Die Höhe der Kompensation hat einen signifikant positiven Einfluss auf Customer Delight nach einem Servicefehler.*

*H1b: Die Höhe der Kompensation hat einen signifikant positiven Einfluss auf die Kundenzufriedenheit nach einem Servicefehler.*

Neben der Kompensation, welche die wahrgenommene distributive Gerechtigkeit abbildet, spielt auch das Aussprechen einer Entschuldigung eine wesentliche Rolle (McCollough et al., 2000, p. 124). Denn nicht nur was der Kunde als Entschädigung erhält, ist wichtig, sondern auch in welcher Art und Weise mit ihm umgegangen wird (Mccoll-Kennedy & Sparks, 2003, p. 253). So kann eine Kompensation, welche nicht in angemessener Form angeboten wird, trotzdem in Unzufriedenheit resultieren, da diese als eine Art Bestechung seitens des Dienstleisters wahrgenommen wird und den Eindruck erweckt, dass das Unternehmen nicht um das eigentliche Wohlergehen des Kunden bemüht ist (McCollough et al., 2000, p. 132). So kann eine persönliche Entschuldigung im Servicerecoveryprozess besonders wirksam sein (Bell & Zemke, 1987, p. 33). Wenn es sich hierbei um den ersten Fehler des Unternehmens handelt, kann eine ehrlich ausgesprochene Entschuldigung sogar in Delight resultieren (Johnston & Fern, 1999, p. 80).

Aus diesen Überlegungen lassen sich nun folgende Hypothesen formulieren:

*H2a: Ein höflicher Umgang, mit einer ehrlich ausgesprochenen Entschuldigung, nach einem Servicefehler hat einen signifikant positiven Einfluss auf Customer Delight.*

*H2b: Ein höflicher Umgang, mit einer ehrlich ausgesprochenen Entschuldigung, nach einem Servicefehler hat einen signifikant positiven Einfluss auf die Kundenzufriedenheit.*

In dieser Untersuchung soll neben der Kompensation, die dem Kunden zukommt und dem Aussprechen einer Entschuldigung auch der Fehlerkontext betrachtet werden. Dies beruht auf einer Studie von Smith und Bolton (1999), die vermuteten, dass der Fehlerkontext eine wichtige Einflussgröße auf die Zufriedenheit des Kunden darstellt (Smith et al., 1999, p. 358). Der Fehlerkontext wird in dieser Arbeit dargestellt durch das Ausmaß des Fehlers (Smith et al., 1999, p. 358). Entscheidend für das Auftreten des Service Recovery Paradox ist das Ausmaß des Fehlers (Weun, Beatty, & Jones, 2004, p. 140). Umso schwerwiegender der Kunde den Fehler wahrnimmt, desto größer ist der von ihm wahrgenommene Verlust (Weun et al., 2004, p. 135). Das Ausmaß des Fehlers hat somit auch Auswirkungen auf die Kundenzufriedenheit (Matos et al., 2007, p. 63) und Customer Delight nach einer Servicerecovery. So scheint es intuitiv, dass wenn bspw. ein Flug mit zwanzig Minuten Verspätung abfliegt und dies in angemessener Form kompensiert wird, sich dies weniger negativ auf die Zufriedenheit bzw. Delight auswirkt, als wenn derselbe Flug mit zwei Stunden Verspätung abfliegt. Je schwerer der Fehler wahrgenommen wird, umso schwieriger erscheint es auch, den Kunden in positiver Form zu überraschen, was aber erreicht werden muss, um Customer Delight zu erlangen.

*H3a: Customer Delight fällt, abhängig von der Kompensation und einem höflichen Umgang mit einer Entschuldigung, niedriger (höher) aus bei einem (weniger) schwerwiegenden Fehler.*

*H3b: Die Kundenzufriedenheit fällt, abhängig von der Kompensation und einem höflichen Umgang mit einer Entschuldigung, niedriger (höher) aus bei einem (weniger) schwerwiegenden Fehler.*

Wenn man die formulierten Hypothesen im Zusammenhang betrachtet und auf den Kontext des Service Recovery Paradox anwendet, lässt sich folgendes vermuten:

*H4a: Customer Delight fällt bei hoher Kompensation, geringem Fehlerausmaß und einem höflichen Umgang mit einer ehrlichen Entschuldigung, höher aus als bei einem reibungslosen Ablauf der Dienstleistung.*

*H4b: Die Kundenzufriedenheit fällt bei hoher Kompensation, geringem Fehlerausmaß und einem höflichen Umgang mit einer ehrlichen Entschuldigung, höher aus als bei einem reibungslosen Ablauf der Dienstleistung.*

Wie in diesem Abschnitt herausgearbeitet, scheint die Reaktion des Kunden auf Recoverybemühungen eher emotionaler Natur zu sein. Aus diesem Grund soll abschließend noch folgende Hypothese formuliert werden:

*H5: Das Service Recovery Paradox lässt sich besser mit Customer Delight als abhängige Variable erklären.*

## 3. Empirische Untersuchung

Nachdem die theoretische Fundierung des Service Recovery Paradox und von Customer Delight abgeschlossen ist und die empirisch zu überprüfenden Hypothesen formuliert wurden, soll nun zum empirischen Teil dieser Arbeit übergeleitet werden. Um den Wahrheitsgehalt der formulierten Hypothesen zu untersuchen, wird im Rahmen dieser Arbeit eine experimentelle Studie angestellt.

Der empirische Teil dieser Arbeit gliedert sich wie folgt: Zuerst wird ein Überblick über die Forschungsmethode sowie über das hier verwendete Forschungsdesign gegeben. Anschließend werden die Operationalisierungen der Konstrukte sowie die Ergebnisse des Pre-Tests dargestellt. Es folgen eine Beschreibung der Stichprobe sowie der genaue Ablauf des Experiments. Im Anschluss werden die Ergebnisse der empirischen Untersuchung aufgezeigt.

### 3.1 Forschungsmethode und Design

Um die im theoretischen Teil herausgearbeiteten Hypothesen zu überprüfen, wird im Rahmen dieser Arbeit eine experimentelle Forschung angestellt. Diese Art der Forschung ist von hoher Relevanz, da sich mit dieser Methodik Ursache-Wirkungs Beziehungen untersuchen lassen (Baum & Spann, 2011, pp. 179-180).

Durch die Manipulation einer oder mehrerer unabhängigen Variablen lassen sich Effekte auf die abhängige Variable beobachten, und alternative Erklärungsansätze für den beobachteten Effekt können ausgeschlossen werden (Patzer, 1996, pp. 8-13). Aus diesen Gründen wurde diese Forschungsmethode für die Untersuchung in dieser Arbeit ausgewählt. Da es hier zu analysieren gilt, welchen Einfluss eine Kompensation, eine Entschuldigung sowie das Ausmaß des Servicefehlers auf die Kundenzufriedenheit und Customer Delight aufweist, scheint diese Methodik besonders geeignet. Weiter wurde dieses Experiment unter kontrollierten Bedingungen innerhalb eines Labors durchgeführt. Laborexperimente zeichnen sich durch eine höhere interne Validität der Ergebnisse aus als Feldexperimente (Kuß, 2004, p. 133). Dies bedeutet, dass alternative Erklärungsansätze für den beobachteten Effekt ausgeschlossen werden können (Kuß, 2004, p. 130) und die Ergebnisse nicht durch äußere Umstände verfälscht werden (Bacon, 2010, pp. 254-255). Ein weiterer, speziell für diese Arbeit wesentlicher Vorteil von Laborexperimenten liegt darin, dass mehrere unabhängige Variablen gleichzeitig manipuliert werden können, was in diesem Umfang in einem Feldexperiment nicht möglich wäre (Kuß, 2004, p. 133). Da in dieser Arbeit der Effekt von drei unabhängigen Variablen auf zwei abhängige Variablen getestet werden soll, scheint dieser Ansatz besonders gut geeignet.

Das Experiment wird in einem 2x2x2 multifaktoriellen Between-Subjects Design durchgeführt, in welchem die Variablen Kompensation (hoch/niedrig), Verhalten des Mitarbeiters (höflich/unhöflich) und das Ausmaß des Fehlers (groß/klein) manipuliert werden. Es folgt eine szenariobasierte Befragung der Probanden, mittels acht unterschiedlichen Szenarien. Um das Service Recovery Paradox direkt testen zu können, wird ein weiteres fehlerfreies Szenario in die Untersuchung mit aufgenommen, welches als Kontrollszenario dient.

Diese Art der Befragung wurde in der Vergangenheit oft benutzt und weist im Zusammenhang mit einem Laborexperiment wichtige Vorteile auf (Wirtz & Mattila, 2004, p. 155). Zum einen wäre es in einer Felduntersuchung nötig absichtlich einen Servicefehler herbeizuführen, was in einem realen Service Encounter für den Kunden wie für den Dienstleister nicht ohne Probleme möglich wäre (Smith et al., 1999, p. 362).

Zum anderen weisen Forschungsmethoden, in denen die Kunden über eine bestimmte Erfahrung berichten, oft Verzerrungen auf. Hierbei können bspw. Erinnerungslücken, Unstimmigkeiten und andere Faktoren auftreten. So sind erinnerungsbasierte Studien oftmals nicht repräsentativ, da Situationen, welche für Kunden von besonderer Bedeutung sind, verzerrt wiedergegeben werden und auch das Beschwerdeverhalten jedes einzelnen Kunden ungewollte Einflüsse auf die Ergebnisse haben könnte (Smith & Bolton, 1998, p. 70). Aus diesen Gründen wurde in dieser Arbeit die szenariobasierte Befragung ausgewählt. Als Service Encounter und Fehlerszenario dient ein Flug, der eine Verspätung beim Abflug hat. Der Grund des Fluges sowie das Reiseziel werden hierbei über alle Szenarien konstant gehalten.

Des Weiteren wurde eine fiktive Fluggesellschaft gewählt, um eine mögliche Verzerrung aufgrund der Einstellung gegenüber einer realen Marke ausschließen zu können. Da Fehler innerhalb der Service Encounter von Flügen keine Seltenheit darstellen (Bejou & Palmer, 1998, p. 8), wurde angenommen, dass sich die Probanden gut in die Situation hineinversetzen können und diese als realistisch wahrgenommen wird. Trotz dieser Vorteile, ist das hier verwendete Design nicht ohne Kritik hinzunehmen, was unter dem Punkt 5. genauer betrachtet wird.

Wie bereits erwähnt, werden in dieser experimentellen Untersuchung folgende drei unabhängigen Variablen manipuliert: Kompensation, Verhalten des Mitarbeiters und Ausmaß des Fehlers. In der hohen Ausprägung der Kompensation wird dem Kunden ein zehnprozentiger Nachlass auf die Kosten seines Fluges angeboten und er darf für die Wartezeit die Räumlichkeiten nutzen, die sonst nur für Kunden mit besonderem Status reserviert sind (bspw. „Goldlounge"). Diese Art der Entschädigung wurde hier gewählt, da gerade diese Geste etwas bietet, dass der Kunde nicht erwartet und so die Möglichkeit Customer Delight hervorzurufen, besteht. In der niedrigen Ausprägung erhält der Kunde diesen Nachlass nicht und wird nicht für seine Unannehmlichkeiten entschädigt. Auch wird ihm der Zugang zu diesen besonderen Räumlichkeiten nicht angeboten. Bei der Variable des Verhaltens, entschuldigt sich, in der hohen Ausprägungszelle, der Servicemitarbeiter ausgiebig und drückt sein Bedauern aus, während in der niedrigen Manipulation der Mitarbeiter keine Entschuldigung ausspricht und in einer nicht adäquaten Form auf den Kunden reagiert. Das Ausmaß des Fehlers wird dadurch beeinflusst, dass der Flug mit unterschiedlichen Verspätungen abfliegt. Wenn es sich um einen kleineren Fehler handelt, verspätet sich der Abflug um zwei Stunden. Handelt es sich um einen schwereren Fehler, so muss der Kunde eine Verspätung von fünf Stunden in Kauf nehmen. Magnini et al. (2007) haben in ihrer Studie gezeigt, dass das Service Recovery Paradox mit einer höheren Wahrscheinlichkeit eintritt, wenn der Fehler nicht durch das Verschulden des Anbieters entsteht (Magnini et al., 2007, pp. 219-220). Auch hier sind die Fehler so gestaltet, dass diese nicht durch die Airline verursacht wurden, sondern auf externe Faktoren zurückzuführen sind. Eine Übersicht über alle Szenarien wird im Anhang gegeben (siehe Anhang A).

## 3.2 Operationalisierung und Pre-Test

Nach einer intensiven Auseinandersetzung und umfassender Recherche auf dem Gebiet des Service Recovery Paradox und anderen verwandten

Thematiken sowie im Bereich der Kundenzufriedenheit und des Customer Delight wurden geeignete Skalen herausgearbeitet und für diese Studie verwendet. Um zu überprüfen, ob die Manipulationen der drei unabhängigen Variablen auch so wahrgenommen wurden, wie sie intendiert waren, wurden Skalen in den Fragebogen aufgenommen, welche die verschiedenen Ausprägungen von Kompensation, Entschuldigung und Fehlerausmaß erfassen.

Wie aus vorangegangenen Studien zum Service Recoveryprozess ersichtlich wird, stellt die Kompensation die Komponente der distributiven Gerechtigkeit dar (McCollough et al., 2000, p. 124;130). Aus diesem Grund wurde die Skala zur Messung der distributiven Gerechtigkeit von McCollough et al. (2000) ausgewählt. Diese basiert auf einer Studie von Oliver & Swan (1989) (Oliver & Swan, 1989, p. 29), wurde jedoch von McCollough et al. (2000) weiterentwickelt. Die Skala setzt sich aus vier Items zusammen, welche die Wahrnehmung der Entschädigung des Kunden messen (CA = 0.83) (McCollough et al., 2000, p. 130).

Zur Messung der Manipulation der angemessenen Umgangsformen und der Entschuldigung wurde die Skala der interaktionalen Gerechtigkeit von Weun et al. (2004) verwendet. Bestehend aus vier Items, misst diese Skala wie der Kunde die Umgangsformen eines Servicemitarbeiters beurteilt (CR = 0.96). Diese Skala schien in dieser Arbeit besonders geeignet, da sie ein Item beinhaltet, welches direkt das Aussprechen einer Entschuldigung abfragt (Weun et al., 2004, p. 144). Diese, aus vier Items bestehende Skala, wurde von Weun et al. (2004) aus verschiedenen Studien zusammengetragen (Blodgett, Hill, & Tax, 1997, p. 195; Goodwin & Ross, 1992, pp. 157-160; Johnston, 1995, p. 63; Tax et al., 1998, p. 63).

Die letzte Manipulation, die es zu überprüfen gilt, ist das Ausmaß des Servicefehlers. Hess et al. (2003) entwickelten hierzu eine aus drei Items bestehende, bipolare Skala (Hess, Ganesan, & Klein, 2003, p. 143). Diese wurde in der Dissertation von Munzel (2011) in eine Likert-Skala (1-7) umformuliert (Munzel, 2011, p. 328) und wird in dieser Arbeit verwendet.

Um die allgemeine Diskonfirmation mit dem Recoveryprozess zu messen, wurde eine ebenfalls aus McCollough et al. (2000) stammende Skala verwendet. Hier besteht die Skala aus drei Items und bezieht die Erwartungen des Kunden in den Wortlaut mit ein (McCollough et al., 2000, p. 127).

Die abhängigen Variablen in dieser Studie bestehen aus der Kundenzufriedenheit und Customer Delight über den gesamten Service Encounter. Es ist wichtig zu verstehen, dass Zufriedenheit und Customer Delight bezüglich der gesamten Dienstleistung gemessen werden müssen, um diese mit einem fehlerfreien Szenario vergleichen zu können. Kundenzufriedenheit wurde hierbei mit einer Skala von Homburg & Fürst (2005) operationalisiert. Hier fragen drei Items nach der Gesamtzufriedenheit mit der Dienstleistung (CA/CR = 0.94) (Hombrug & Fürst, 2005, p. 111). Auch hierbei handelt es sich um eine weiterentwickelte Skala. Sie wurde aus dem Artikel von Maxham & Netemeyer (2003) übernommen und weiterentwickelt (Maxham & Netemeyer, 2003, p. 60). Des Weiteren wurde noch eine Single-Item Messung der Kundenzufriedenheit aus Wang (2011) (Wang, 2011, p. 161) aufgenommen, welche auf den Airlinekontext umgeschrieben wurde.

Die zweite abhängige Variable, die es zu operationalisieren gilt, ist Customer Delight. Basierend auf der Studie von Finn (2005) (Finn, 2005, p. 107) wurde diese Skala entwickelt (Wang, 2011, p. 161). Sie besteht aus acht Items, welche unterschiedliche Emotionen abfragen, die mit Delight in Verbindung stehen (Wang, 2011, p. 161). Da ein Item mit „zufrieden" ins Deutsche übersetzt werden müsste, die Zufriedenheit in dieser Arbeit aber separat von Customer Delight abgefragt wird, wurde dieses Item eliminiert. Des Weiteren wurde noch ein Single-Item in die Befragung mit aufgenommen, welches Customer Delight direkt misst (Wang, 2011, p. 161).

Es wurde bereits erwähnt, dass der Einfluss zwischen verschiedenen Recoverybemühungen und der Zufriedenheit des Kunden, dadurch beeinflusst wird, wie wichtig die in Anspruch genommene Dienstleistung für den Kunden ist (Webster & Sundaram, 1998, p. 153). Aus diesem Grund wurde eine Skala von Houston & Walker (1996) herangezogen (Houston & Walker, 1996, p. 235), welche auf einer Aufarbeitung von Zaichkowsky (1994) beruht (Zaichkowsky, 1994, p. 70). Im Anschluss wurden noch einige Demografika der Probanden sowie die Realitätsnähe der Szenarien abgefragt. Für eine genauere Ansicht der verwendeten Skalen siehe Anhang B.

Alle in dieser Studie verwendeten Skalen werden als Likert-Skala (1-7) in den Fragebogen aufgenommen, wobei die Endpunkte durch die Zustimmung bzw. Nicht-Zustimmung der Probanden zu dem formulierten Item, gebildet werden.

Nachdem geeignete Skalen zur Fragebogenkonstruktion ausgewählt wurden, sollte ein Pre-Test einen ersten Aufschluss darüber geben, ob die Szenarien als geeignet angesehen werden können, und ob verbale Anmerkungen zu diesen bzw. zu den Items mögliche Verbesserungspotenziale aufweisen. Im Rahmen dieses Pre-Tests sollte auch untersucht werden, ob die Manipulationen so wahrgenommen wurden wie diese beabsichtigt waren. Hierzu hatten die Probanden die Möglichkeit, online über ein soziales Netzwerk teilzunehmen. Dabei erfolgte die Auswahl der Probanden zufällig. Es wurden keinerlei Einschränkungen bezüglich Sozio-Demografika oder anderer Eigenschaften vorgenommen. Die Probanden bekamen hierbei zufällig eines der neun Szenarien zugewiesen. 95 Personen beendeten die Umfrage. Aufgrund der revers-kodierten Items mussten sechs der Probanden aus der Stichprobe entfernt werden, so dass sich ein Sample von 89 Personen für den Pre-Test ergab.

Zur Überprüfung, ob die Manipulationen auch so wahrgenommen wurden, wie sie intendiert waren, wurden die jeweiligen Mittelwerte der zwei Ausprägungen mittels T-Test bei unabhängigen Stichproben verglichen. Hierbei ergab sich für die Kompensation ein Mittelwert von 3,91 für die hohe und 1,59 für die niedrige Ausprägung. Die Mittelwerte für den Umgangston lagen jeweils bei 2,48 (unhöflich) und 6,09 (höflich). Die zweistündige Verspätung wurde mit 4,07 und die fünfstündige mit 5,37 bewertet. Die jeweiligen Unterschiede können in allen Gruppen als signifikant angesehen werden (alle p-Werte $< 0.01$). Obwohl diese Ergebnisse den Schluss zulassen, dass die Manipulationen der unabhängigen Variablen erfolgreich verliefen, wurden auf Basis dieser Werte und verbalen Anmerkungen einige Änderungen innerhalb des Fragebogens und der Szenarien vorgenommen. So fällt auf, dass die zehnprozentige Entschädigung lediglich zu einem Mittelwert von 3,91 führte. Einige Probanden merkten auch an, dass zehn Prozent, auch in der Bedingung mit nur zwei Stunden Verspätung, nicht als ausreichende Entschädigung angesehen werden können. So wurde die erhaltene Kompensation in der hohen Bedingung auf zwanzig Prozent angepasst, um sicherzustellen, dass die Kompensation als ausreichend wahrgenommen wird. In Bezug auf das Fehlerausmaß wurde die Verspätung in der niedrigen Ausprägung von zwei auf eine Stunde verringert. Diese Veränderung wurde vorgenommen, da auch eine Verspätung von zwei Stunden als erheblicher Fehler wahrgenommen wird und nicht das geringe Fehlerausmaß repräsentiert, als welches diese Ausprägung intendiert war. Des Weiteren wurde eine Änderung des Reiseziels in allen Szenarien vorgenommen, da sich einige Probanden aufgrund des zu nahen Reiseziels

(Frankfurt am Main) nicht in Nutzung eines Flugdienstleisters hineinversetzen konnten. So wurde dieses Reiseziel durch einen weiter entfernten Zielflughafen ersetzt. In Bezug auf die Messung von Customer Delight gab es Verständnisprobleme bezüglich einzelner Items. Diejenigen Items, welche nicht direkt eine positive Emotion ausdrückten, wurden eher im negativen Kontext ausgelegt. Diesem Effekt sollte entgegengewirkt werden, indem diese Items in ihre positive Form umformuliert wurden.

Eine vollständige Übersicht über die in der Haupterhebung verwendeten Szenarien, die angepasste Skala zur Messung von Customer Delight befindet sich im Anhang (siehe Anhang C-D).

### 3.3 Ablauf und Sample

Nachdem der Pre-Test abgeschlossen wurde und die verbalen Anmerkungen der Probanden bezüglich einiger Items und der beschriebenen Szenarien verarbeitet wurden, konnte die Haupterhebung der angestellten empirischen Untersuchung durchgeführt werden. In diesem Abschnitt soll kurz der Ablauf dieser Erhebung erläutert sowie ein kurzer Überblick über einige Eckdaten des Samples gegeben werden.

Erhoben wurden die Daten in verschiedenen Veranstaltungen der Ludwig-Maximilians Universität sowie der Hochschule München für angewandte Wissenschaften. Dieses Vorgehen ermöglichte es in einem angemessenen Zeitraum einen adäquaten Stichprobenumfang zu generieren. Hierbei wurden die Fragebögen in gedruckter Form an die Studierenden verteilt. Den Probanden wurde lediglich mitgeteilt, dass es sich um ein Forschungsprojekt im Rahmen einer Bachelorarbeit handelt. Weitere Informationen zum Ziel dieser Untersuchung wurden ihnen nicht gegeben. Die neun verschiedenen Szenarien wurden zufällig an die verschiedenen teilnehmenden Personen verteilt, so dass eine absolut randomisierte Zuteilung zu einem der Szenarien gewährleistet werden konnte.

Das Bruttosample bestand schließlich aus 319 Studierenden. Nach Bereinigung anhand revers-kodierter Items und frühzeitig abgebrochener Exemplare, bildete sich ein Stichprobenumfang von 282 Studierenden, welcher die Basis für die Auswertung darstellte. Von diesen 282 Studierenden waren 52% weiblich und 48% männlich. Da es sich ausschließlich um Studierende handelte, waren 98% der Probanden im Alter zwischen 18 und 29 Jahre. Auch handelte es sich hier um Personen, die die Dienstleistung einer Fluggesellschaft eher selten in

Anspruch nehmen. So flogen 83% lediglich 0 bis 4 mal jährlich und 15% 5 bis 8 mal pro Jahr. Diese Tatsache ist für die vorliegenden Untersuchung von Vorteil, da somit sichergestellt werden kann, dass die Probanden den als Kompensation angebotenen Aufenthalt in der „Goldlounge" auch tatsächlich als Entschädigung wahrnehmen, da ihnen derartige Aufenthalte sonst nicht regelmäßig zugutekommen. Auch verteilten sich die 282 Personen gleichmäßig über alle neun Szenarien, so dass jedes Szenario von mindestens 30 Probanden bearbeitet wurde.

## 3.4 Ergebnisse

Nachdem die Erhebungsphase abgeschlossen sowie der Datensatz bereinigt wurde, konnten die gewonnenen Daten ausgewertet werden. Im folgenden Abschnitt werden die zentralen Ergebnisse der statistischen Auswertung dargestellt. Zuerst soll hierbei auf den in der Haupterhebung erneut durchgeführten Manipulation Check eingegangen und die Reliabilitäten der zur Messung herangezogenen Skalen abgebildet werden. Anschließend sollen die Ergebnisse bezüglich der zu testenden Hypothesen untersucht werden, um zu überprüfen, ob und inwieweit die aus der Theorie hergeleiteten, Vermutungen in dieser Arbeit Unterstützung finden.

### 3.4.1. Manipulation Check und Reliabilität

Auch in der Haupterhebung lassen die Ergebnisse vermuten, dass die Manipulationen in den Szenarien gelungen sind und von den Probanden so wahrgenommen wurden, wie diese intendiert waren. Der Mittelwert der Kompensation lag in der hohen Ausprägung bei 4,99, während er sich in der niedrigen Ausprägung auf einem Niveau von 1,59 befand. Auch wurde das Verhalten des Mitarbeiters bei einer angemessenen Reaktion mit Aussprechen einer Entschuldigung als deutlich höflicher interpretiert, als wenn dies nicht erfolgte. So lag der Mittelwert in den Szenarien mit einer Entschuldigung bei 6,17. In den Szenarien in denen keine Entschuldigung ausgesprochen wurde, befand sich der Mittelwert bei 2,34. Als Letztes wurde die Manipulation bezüglich des Fehlerausmaßes überprüft. Auch hier wurde, wie erwartet, eine einstündige Verspätung, mit einem Mittelwert von 3,11 deutlich weniger schwerwiegend wahrgenommen als eine fünfstündige Verspätung mit einem Mittelwert von 5,41. Alle Mittelwertsunterschiede zwischen den jeweiligen

Ausprägungen der einzelnen unabhängigen Variablen können auch hier als signifikant angesehen werden (alle p-Werte < 0,01).

Bezüglich der Bestimmung der Reliabilität bzw. der internen Konsistenz wurde für die Messung der verschiedenen Konstrukte das jeweilige Cronbach´s Alpha bestimmt. Hierbei zeigte sich, dass alle Operationalisierungen ein Alpha aufweisen, welches in einem sehr guten Bereich liegt. Dennoch erhöhten sich die Werte bei einzelnen Skalen durch das Eliminieren einzelner Items. Folgende Tabelle gibt einen Überblick über die Ergebnisse bezüglich der verschiedenen Alpha-Werte.

| Konstrukt | Cronbach´s Alpha (CA) |
|---|---|
| Kompensation | 0,97 (wenn Item 4 weggelassen) |
| Umgang | 0,95 |
| Fehlerausmaß | 0,91 |
| Involvment | 0,88 |
| Diskonfirmation | 0,89 |
| Kundenzufriedenheit | 0,96 |
| Customer Delight | 0,95 (wenn Item 3 weggelassen) |

Abb. 2: Überblick Cronbach´s Alpha/ Quelle: eigene Darstellung

Des Weiteren wurden die einzelnen Items mittels einer exploratorischen Faktorenanalyse zu untereinander nicht korrelierten Faktoren verdichtet. Hieraus ergab sich speziell für die beiden abhängigen Variablen Kundenzufriedenheit und Customer Delight ein interessantes Ergebnis. In Bezug auf diese zwei Variablen konnten zwei separate Faktoren extrahiert werden. Die Faktorladungen der einzelnen Items bildeten zwei voneinander verschiedene Faktoren ab. Dieses Ergebnis unterstützt das in Punkt 2.2.2 dargestellte separate Verständnis von Customer Delight und Kundenzufriedenheit und gibt einen ersten Anhaltspunkt dafür, dass die Sichtweise dieser beiden Konstrukte, wie sie unter anderem von Finn (2005) und Berman (2005) erarbeitet wurde (Berman, 2005, p. 129; Finn, 2005, p. 112), durchaus als sinnvoll erachtet werden kann und diese beiden Konstrukte als separate Reaktionen des Kunden verstanden werden sollten. Customer Delight sollte in diesem Kontext nicht nur als eine sehr hohe Ausprägung von Zufriedenheit verstanden werden.

### 3.4.2 Test der Hypothesen

Um zu überprüfen inwieweit die unter 2.3 theoretisch hergeleiteten Hypothesen Unterstützung finden, wurde der vorhandene Datensatz auf die spezifischen Vermutungen hin untersucht. Da hier die Einflüsse der verschiedenen unabhängigen Variablen auf zwei abhängige Variablen geprüft werden sollten und aufgrund der theoretischen Nähe der beiden Variablen, wurde das statistische Auswertungsverfahren der MANOVA gewählt, welches es ermöglicht mehrere abhängige Variablen gleichzeitig zu untersuchen. Weiter zeigt eine hohe Korrelation zwischen Zufriedenheit und Customer Delight, dass die Analyse mittels MANOVA sinnvoll ist ($r = 0{,}71$, $p < 0{,}01$). Anschließend werden die Einflüsse mittels einer darauffolgenden ANOVA auf jede einzelne abhängige Variable betrachtet.

Zuerst soll der Einfluss der Kompensation auf Kundenzufriedenheit und Customer Delight näher betrachtet werden. Die deskriptiven Statistiken zeigen, dass in den Szenarien, in denen die Kunden keine Kompensation erhalten haben, die Mittelwerte (M) für Kundenzufriedenheit bzw. Customer Delight bei 2,60 bzw. 1,69 liegen. Mit dem Erhalt einer Kompensation steigen diese Werte für Kundenzufriedenheit ($M = 4{,}27$) und Customer Delight ($M = 3{,}67$) deutlich an. Die Analyse der multivarianten Tests, in denen der Effekt auf beide abhängigen Variablen gemeinsam betrachtet wird, weisen einen signifikanten Einfluss der Kompensation auf die kombinierte Form der abhängigen Variablen auf, Wilks Lambda ($\Lambda$) = 0,55; $F(2, 227) = 92{,}27$, $p < 0{,}01$; partielles $\varepsilon^2 = 0{,}448$. Betrachtet man die Effekte auf Zufriedenheit und Customer Delight separat, zeichnet sich ein ähnliches Bild ab. Auch hier zeigt sich, dass die Kompensation einen jeweils einzelnen signifikanten Einfluss auf Zufriedenheit, $F(1, 228) = 91{,}89$ $p < 0{,}01$; partielles $\varepsilon^2 = 0{,}287$, und Customer Delight, $F(1, 228) = 175{,}03$, $p < 0{,}01$; partielles $\varepsilon^2 = 0{,}434$, besitzt. Diese Ergebnisse sprechen dafür, dass sich eine Kompensation sowohl auf Zufriedenheit als auch auf Customer Delight signifikant positiv auswirkt, wie es in den Hypothesen H1a und H1b vermutet wird. Somit müssen diese Annahmen, als unterstützt angesehen werden.

Als nächster Einflussfaktor soll untersucht werden, wie sich ein angemessener Umgang mit einer Entschuldigung auf die emotionale und kognitive Reaktion des Kunden auswirkt. Hierfür wurden auch hier zuerst die deskriptiven Statistiken analysiert. Die Mittelwerte liegen für Zufriedenheit und Customer Delight in den Szenarien in denen die Kunden einen unhöflichen Umgang erfahren haben, unterhalb der Mittelwerte für die Szenarien in denen angemessen reagiert wurde. So erhöhten sich die jeweiligen Werte für Zufriedenheit von $M = 3{,}27$ auf $M = 3{,}51$ und für Delight von $M = 2{,}39$ auf $M = 2{,}90$. Hieraus wird ersichtlich, dass die Erhöhungen der jeweiligen Mittelwerte deutlich geringer ausfallen, als dies bei einer Kompensation der Fall war. Es existiert dennoch ein schwacher signifikanter Effekt auf die kombinierte Form der beiden abhängigen Variablen, $\Lambda = 0,96$; $F(2, 227) = 4,56$, $p = 0,01$; partielles $\varepsilon^2 = 0,039$. Separiert man die Effekte auf die jeweiligen Variablen ergibt sich ein signifikanter Einfluss auf Customer Delight, $F(1, 228) = 8,92$, $p < 0,01$; partielles $\varepsilon^2 = 0,038$. In Bezug auf Zufriedenheit kann jedoch nicht von einem signifikanten Einfluss gesprochen werden, $F(1, 228) =1,25$, $p > 0,05$; partielles $\varepsilon^2 = 0,005$. Auf Basis dieser Erkenntnisse lässt sich die Hypothese H2a unterstützen. Jedoch muss Hypothese H2b, welche einen signifikant positiven Einfluss des Umgangs auf Zufriedenheit vermutete, verworfen werden.

Das Fehlerausmaß betreffend, zeigt sich, dass die Mittelwerte für einen weniger schwerwiegenden Fehler deutlich höher ausfallen, als wenn es sich um einen gravierenden Fehler handelt. So liegt der Mittelwert für Zufriedenheit bzw. Customer Delight bei der einstündigen Verspätung bei $M = 4,05$ bzw. $M = 3,19$ und bei einer fünfstündigen Verspätung bei $M = 2,72$ bzw. $M = 2,09$. Das Fehlerausmaß besitzt ebenfalls einen signifikanten Einfluss auf die Reaktion des Kunden auf den Fehler, $\Lambda = 0,76$; $F(2, 227) = 36,91$, $p < 0,01$; partielles $\varepsilon^2 = 0,245$. Auch beide Variablen separat betrachtet, werden von dem Fehlerausmaß signifikant beeinflusst. Es ergab sich ein signifikanter Effekt sowohl auf Zufriedenheit, $F(1, 228) = 56,60$, $p < 0,01$; partielles $\varepsilon^2 = 0,199$, als auch auf Customer Delight, $F(1, 228) = 55,76$, $p < 0,01$; partielles $\varepsilon^2 = 0,196$. Diese Ergebnisse lassen vermuten, dass es für die Reaktion des Kunden, sowohl emotionaler als auch kognitiver Natur, von hoher Relevanz ist, wie schwerwiegend der aufgetretene Fehler von diesem wahrgenommen wird. Ein interessantes Ergebnis weist auch der Interaktionseffekt von Umgang und Fehlerausmaß auf. Während bei einem geringfügigen Fehler Customer Delight ein deutlich höheres Niveau annimmt, wenn mit dem Kunden in angemessener Form umgegangen wird, liegen die Mittelwerte von einem höflichen bzw. unhöflichen Umgang bei einem schwerwiegenden Fehler in deutlicher Nähe zueinander. Dieser Effekt wird auch aus der ANOVA des Interaktionseffektes von Umgang und Fehlerausmaß auf Customer Delight deutlich, $F(1, 228) = 4,68$, $p < 0,05$; partielles $\varepsilon^2 = 0,020$. Zum besseren Verständnis soll folgende Grafik den eben beschriebenen Interaktionseffekt von Fehlerausmaß und Umgang auf Customer Delight noch einmal genauer grafisch veranschaulichen.

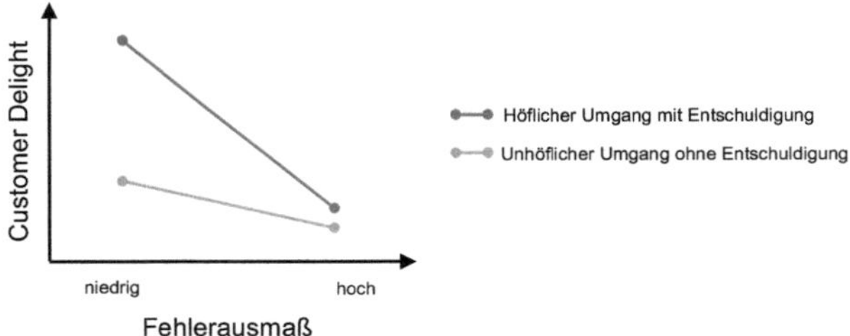


Abb. 3: Interaktionseffekt Umgang*Fehlerausmaß auf Customer Delight/ Quelle: eigene Darstellung

Ein Interaktionseffekt zwischen Kompensation und Umgang konnte weder mittels MANOVA, $\Lambda$ = 0.99; F(2, 227) = 0,12, p > 0,05; partielles $\varepsilon^2$ = 0,001, noch getrennt auf Zufriedenheit, F(1, 228) = 0,41, p > 0,05; partielles $\varepsilon^2$ = 0,001 bzw. Customer Delight, F(1, 228) = 0,05, p > 0,05; partielles $\varepsilon^2$ = 0,000, ermittelt werden. Ähnliches zeigt sich für den Interaktionseffekt zwischen Kompensation und Fehlerausmaß. Der Effekt auf die gemeinsam abhängige Variable kann nicht als signifikant angesehen werden, $\Lambda$ = 0,98; F(2, 227) = 0,12, p > 0,05; partielles $\varepsilon^2$ = 0,017. Auch bei getrennter Betrachtung ergeben sich weder für Zufriedenheit, F(1, 228) = 0,05, p > 0,05; $\varepsilon^2$ = 0,000, noch für Delight, F(1, 228) = 3,32, p > 0,05; partielles $\varepsilon^2$ = 0,014, signifikante Ergebnisse. Diese Ergebnisse lassen darauf schließen, dass die Hypothesen H3a und H3b auf Grund des Haupteffekts trotz mangelnder Interaktionseffekte zwischen Kompensation und Umgang bzw. Fehlerausmaß teilweise zu unterstützen sind.

Nachdem die Analysen der Effekte der drei unabhängigen Variablen auf die zwei abhängigen Variablen abgeschlossen waren, galt es noch diejenigen Hypothesen zu überprüfen, die sich direkt mit dem Service Recovery Paradox auseinandersetzen. Hierzu wurden die Mittelwerte der abhängigen Variablen zwischen dem Kontrollszenario und verschiedenen Fehlerszenarien, mittels Scheffé-Test, verglichen. Zu Beginn wurden die Mittelwerte von Zufriedenheit und Customer Delight zwischen dem fehlerfreien Kontrollszenario und allen Fehlerszenarien verglichen. Bezüglich Zufriedenheit konnte kein signifikanter Unterschied zwischen den Fehlerszenarien und dem Kontrollszenario gefunden werden. Es lässt sich festhalten, dass alle Fehlerszenarien, die mit dem Kontrollszenario verglichen wurden, einen niedrigeren Mittelwert aufweisen als bei einer fehlerfreien Serviceerfahrung. In einer Situation mit einem geringem Fehlerausmaß, einem höflichen Umgang und einer hohen Kompensation, befindet sich dieser Wert für Zufriedenheit (M = 5,11) fast auf demselben Niveau wie in dem fehlerfreien Erlebnis (M = 5,63). Dieses Ergebnis zeigt jedoch keine statistische Signifikanz, $p > 0,05$. Aus diesen Gründen muss die Hypothese H4b verworfen werden, da hier kein Service Recovery Paradox-Effekt in Bezug auf Zufriedenheit nachgewiesen werden konnte. Schließlich wurde das Service Recovery Paradox auch mit Customer Delight als abhängige Variable getestet. So schien auch hier die Begeisterung der Kunden in fast allen Szenarien mit einem Servicefehler niedriger auszufallen als in einem reibungslosen Dienstleistungsprozess. Dennoch konnte hier festgestellt werden, dass in einem Szenario mit einem geringem Fehlerausmaß, höflichem Umgang und einer hohen Kompensation, Delight höher ausfällt als im Kontrollszenario. So lag der Mittelwert für das beschriebene Fehlerszenario bei $M = 4,76$, während der Mittelwert für die Kontrollsituation den Wert $M = 3,94$ annimmt. Im Gegensatz zu Zufriedenheit weist das Ergebnis bezüglich Customer Delight eine statistische Signifikanz auf, $p < 0,01$. So lässt sich das Service Recovery Paradox mit Delight als abhängige Variable nachweisen und Hypothese H4a findet hier Unterstützung. Da das Service Recovery Paradox zwar mit Delight, nicht aber mit Zufriedenheit nachzuweisen war, implizieren diese Ergebnisse die Schlussfolgerung bezüglich H5. So muss die Hypothese auf Basis dieser vorangegangenen Analysen unterstützt werden. Folgende Tabelle gibt einen zusammenfassenden Überblick der Ergebnisse der MANOVA und der einzelnen ANOVAs.

| **Ergebnisse MANOVA** | Wilks Lambda | F-Wert | Sig. | Partielles $\varepsilon^2$ |
|---|---|---|---|---|
| Kompensation | 0,55 | 92,27** | 0,000 | 0,448 |
| Umgang | 0,96 | 4,56* | 0,011 | 0,039 |
| Fehlerausmaß | 0,76 | 36,91** | 0,000 | 0,245 |
| Kompensation*Umgang | 0,999 | 0,12 | 0,890 | 0,001 |
| Kompensation*Fehlerausmaß | 0,98 | 1,99 | 0,140 | 0,017 |
| Umgang*Fehlerausmaß | 0,98 | 2,67 | 0,071 | 0,023 |
| **Ergebnisse ANOVA auf Zufriedenheit** | | F-Wert | Sig. | Partielles $\varepsilon^2$ |
| Kompensation | | 91,89** | 0,000 | 0,287 |
| Umgang | | 1,25 | 0,264 | 0,005 |
| Fehlerausmaß | | 56,60** | 0,000 | 0,199 |
| Kompensation*Umgang | | 0,233 | 0,630 | 0,001 |
| Kompensation*Fehlerausmaß | | 0,056 | 0,813 | 0,000 |
| Umgang*Fehlerausmaß | | 0,160 | 0,689 | 0,001 |

| Ergebnisse ANOVA auf Customer Delight | F-Wert | Sig. | Partielles $\varepsilon^2$ |
|---|---|---|---|
| Kompensation | 175,03** | 0,000 | 0,434 |
| Umgang | 8,92** | 0,003 | 0,038 |
| Fehlerausmaß | 55,76** | 0,000 | 0,196 |
| Kompensation*Umgang | 0,05 | 0,823 | 0,000 |
| Kompensation*Fehlerausmaß | 3,32 | 0,070 | 0,014 |
| Umgang*Fehlerausmaß | 4,68* | 0,032 | 0,020 |

Abb. 4: Zusammenfassung der Ergebnisse/ Quelle: eigene Darstellung

## 4. Diskussion der Ergebnisse

In diesem Abschnitt werden die unter Punkt 3.4.2 gewonnenen Erkenntnisse diskutiert sowie einige Implikationen abgeleitet. Folgende Tabelle soll die Ergebnisse der statistischen Auswertung bezüglich der Hypothesen zusammentragen.

| Hypothesen | |
|---|---|
| H1a: Die Höhe der Kompensation hat einen signifikant positiven Effekt auf Customer Delight. | ✓ |
| H1b: Die Höhe der Kompensation hat einen signifikant positiven Effekt auf Kundenzufriedenheit. | ✓ |
| H2a: Ein höflicher Umgang, mit einer ehrlich ausgesprochenen Entschuldigung, nach einem Servicefehler hat einen signifikant positiven Einfluss auf Customer Delight. | ✓ |
| H2b: Ein höflicher Umgang, mit einer ehrlich ausgesprochenen Entschuldigung, nach einem Servicefehler hat einen signifikant positiven Einfluss auf Kundenzufriedenheit. | × |
| H3a: Customer Delight fällt, abhängig von der Kompensation und einem höflichen Umgang mit einer Entschuldigung, niedriger (höher) aus bei einem (weniger) schwerwiegenden Fehler. | ✓ |
| H3b: Kundenzufriedenheit fällt, abhängig von der Kompensation und einem höflichen Umgang mit einer Entschuldigung, niedriger (höher) aus bei einem (weniger) schwerwiegenden Fehler. | ✓ |
| H4a: Customer Delight fällt bei hoher Kompensation, geringem Fehlerausmaß und einem höflichen Umgang mit einer ehrlichen Entschuldigung, höher aus als bei einem reibungslosen Ablauf der Dienstleistung. | ✓ |
| H4b: Kundenzufriedenheit fällt bei hoher Kompensation, geringem Fehlerausmaß und einem höflichen Umgang mit einer ehrlichen Entschuldigung, höher aus als bei einem reibungslosen Ablauf der Dienstleistung. | × |
| H5: Das Service Recovery Paradox lässt sich besser mit Customer Delight als abhängige Variable erklären. | ✓ |

Abb. 5: Zusammenfassung der Ergebnisse bzgl. der Hypothesen/ Quelle: eigene Darstellung

Die Ergebnisse der vorliegenden empirischen Studie verdeutlichen die komplexen Zusammenhänge zwischen emotionaler und kognitiver Reaktionen des Kunden auf einen Fehler innerhalb des Dienstleistungsprozesses und gewisser Recoveryattribute. So liefert die angestellte Untersuchung einige Indikatoren dafür, welche Recoverybemühungen kundenseitig eher kognitiv und das komplexe Verhältnis von Zufriedenheit und Customer Delight. Aufgrund der unterschiedlichen Auswirkungen einiger Recoveryeigenschaften auf diese beiden abhängigen Variablen und der Tatsache, dass durchaus verschiedene Ergebnisse erzielt werden konnten, abhängig davon welche der beiden Variablen man betrachtet, kann davon ausgegangen werden, dass Zufriedenheit und Customer Delight separate Reaktionen des Kunden darstellen und daher aus wissenschaftlicher Sichtweise als separate Konstrukte behandelt werden sollten.

Für Unternehmen implizieren die gewonnenen Ergebnisse, dass es durchaus möglich ist, nach einem Fehler begeisterungs- bzw. zufriedenheitssteigernd zu reagieren und ein Servicefehler die Möglichkeit bietet den Kunden positiv zu beeinflussen.

Ein interessantes Ergebnis zeichnet sich bezüglich der Kompensation ab. Eine Kompensation hat nach einem Servicefehler den stärksten Effekt auf Zufriedenheit und Customer Delight aufzuweisen. Diese Effekte haben offensichtlich auch unabhängig vom Ausmaß des Fehlers immer noch eine zufriedenheits- bzw. begeisterungssteigernde Wirkung inne. So implizieren diese Ergebnisse für Dienstleistungsunternehmen, dass es sinnvoll ist, ausreichende finanzielle Ressourcen bereitzustellen, über welche im Schadensfall verfügt werden kann, um den Kunden eine angemessene Entschädigung zukommen zu lassen.

Des Weiteren scheint es für den Kunden nicht nur wichtig was er erhält, sondern auch wie er behandelt wird. Dennoch stehen die hier gewonnenen Einsichten in einem konträren Verhältnis zu vorangegangenen Studien wie bspw. von McCollough et al. (2000), die einen signifikant positiven Einfluss eines höflichen Umgangs mit einer Entschuldigung auf die Zufriedenheit nachweisen konnten (McCollough et al., 2000, p. 124). In der empirischen Untersuchung weist der Umgang einen signifikanten Einfluss auf Customer Delight, nicht aber auf Zufriedenheit auf. Dies scheint bei erstmaliger Betrachtung nicht intuitiv. Wenn aber die emotionale Natur von Delight, wie sie unter Punkt 2.2.1 dargestellt wurde, in die Überlegungen mit einbezogen wird, erscheint diese Erkenntnis als durchaus sinnvoll. So besteht ein möglicher Erklärungsansatz, dass Kunden auf den Umgangston, der ihnen entgegengebracht wird, auf eine emotionale Weise reagieren und diesen weniger kognitiv verarbeiten, als dies bspw. mit der Kompensation geschieht. Dennoch zeigen Befunde anderer Studien einen Zusammenhang zwischen

Zufriedenheit und angemessenem Umgangston mit einer Entschuldigung (Johnston & Fern, 1999, p. 80; McCollough et al., 2000, p. 124; Wirtz & Mattila, 2004, p. 159). Daher sollte der Fokus hier auf der zusätzlichen Erkenntnis liegen, dass sich eine Entschuldigung auch auf einer rein emotionalen Ebene niederschlägt. Mitarbeiter, die in direktem Kontakt mit dem Kunden stehen, sollten ausreichende Fähigkeiten aufweisen, um auch mit unzufriedenen und möglicherweise wütenden Kunden in einer höflichen Form umzugehen. Dennoch sollten sich Unternehmen nicht allein auf den Umgangston verlassen, um Kunden nach einem Fehler zufriedenzustellen oder zu begeistern. Der Interaktionseffekt zwischen dem Fehlerausmaß und dem Umgangston zeigt deutlich, dass, wenn ein Fehler als besonders schwerwiegend wahrgenommen wird, die Effektivität einer Entschuldigung abnimmt. Eben für solche gravierende Fehler wird die Wichtigkeit einer Kompensation unterstrichen.

Eine wesentliche Erkenntnis dieser Arbeit konnte mit der Überprüfung des Service Recovery Paradox generiert werden. So konnte ein Service Recovery Paradox-Effekt nur auf Customer Delight nachgewiesen werden, nicht aber auf Zufriedenheit. Daher konnte gezeigt werden, dass zur Untersuchung des Service Recovery Paradox Delight als abhängige Variable besser geeignet erscheint. Es existiert also eine Situation in der Customer Delight, nach einem Servicefehler und einer exzellenten Recovery, höher ausfällt als in einem reibungslosen Dienstleistungsverlauf. Dies impliziert, dass auch positive Reaktionen des Kunden auf einen Servicefehler affektiv geprägt sind und nicht nur negativen Emotionen, in diesem Kontext, Beachtung zukommen sollte. Unter Berücksichtigung der Abgrenzung von Customer Delight zu Zufriedenheit, wie unter Punkt 2.2.2 dargestellt, zeigt sich, dass Recoverybemühungen vom Kunden nicht direkt erwartet werden und sich eine Möglichkeit bietet den Kunden positiv zu überraschen sowie etwas zu leisten, was dieser nicht erwartet hätte. Diese Auffassung, wie sie bspw. von Johnston (2004) oder auch Andreassen (2000) vertreten wird (Andreassen, 2000, p. 166; Johnston, 2004, p. 133), scheint vor dem Hintergrund dieser Ergebnisse als richtig und sinnvoll. Dennoch unterstreicht dieses Ergebnis die Wichtigkeit eines fehlerfreien Dienstleistungsablaufs und die Vermeidung von besonders schwerwiegenden Fehlern. So konnte das Service Recovery Paradox nur in einer Situation bestehen, in der es sich um einen geringfügigen Fehler handelte. Auch sind die Untersuchungen, welche sich mit den Auswirkungen von Customer Delight im

Vergleich zu den Auswirkungen von Zufriedenheit auf die Kundenbindung beschäftigten zu dem Schluss gekommen, dass Delight nicht zwangsläufig zu bevorzugten Ergebnissen führt (Ngobo, 1999, p. 475). Aus diesen Gründen sollten sich Unternehmen bemühen einen fehlerfreien Service zu gewährleisten. Wenn sich diese Fehler jedoch nicht vermeiden lassen, bieten Recoverystrategien eine Möglichkeit den Kunden in seiner Reaktion positiv zu beeinflussen und über den normalen Ablauf einer Dienstleistung zu begeistern.

## 5. Zusammenfassung, Limitationen und zukünftige Forschung

In dieser Arbeit wurde das Service Recovery Paradox aus Sicht von Customer Delight analysiert. Ziel war es zu untersuchen, ob ein Service Recovery Paradox-Effekt auf Customer Delight existiert und wie sich die Recoveryattribute Kompensation, ein höflicher Umgang sowie das Fehlerausmaß auf Customer Delight und Zufriedenheit auswirken bzw. wie sich diese Effekte auf die jeweiligen abhängigen Variablen unterscheiden. Hierzu wurde zuerst das Service Recovery Paradox theoretisch fundiert und bisherige Forschungsarbeiten aufgezeigt. Anschließend wurde das Konstrukt Customer Delight näher betrachtet und von Zufriedenheit abgegrenzt. Schließlich wurde das Service Recovery Paradox aus einer Customer Delight Perspektive betrachtet und konkrete Hypothesen formuliert. Diese theoretisch fundierten Annahmen wurden mittels szenariobasierter Befragung untersucht. Die Ergebnisse zeigen, dass die Kompensation, ein höflicher Umgang mit einer Entschuldigung und das Fehlerausmaß eine wesentliche Rolle für die emotionale und kognitive Reaktion des Kunden auf einen Servicefehler aufweisen. Auch konnte gezeigt werden, dass das Serivce Recovery Paradox im Bezug auf Customer Delight existiert. Unter den Voraussetzungen einer hohen Kompensation, eines höflichen Umgangs mit einer Entschuldigung sowie eines geringen Fehlerausmaßes fiel Customer Delight höher aus als in einem fehlerfreien Kontrollszenario. Auf Zufriedenheit konnte dieser Effekt nicht nachgewiesen werden, was impliziert, dass sich das Service Recovery Paradox besser durch Customer Delight als durch Zufriedenheit erklären lässt. Abschließend wurden diese Resultate diskutiert.

Auch wenn in dieser Arbeit interessante Erkenntnisse gewonnen werden konnten, ist das hier verwendete Vorgehen nicht ohne Limitationen. Zum Abschluss dieser Arbeit sollen diese Nachteile betrachtet und einige neue

Forschungsfelder in Bezug auf das Service Recovery Paraodx aus einer Customer Delight Perspektive aufgezeigt werden.

In dieser Studie wurde mittels beschriebenen Szenarien eine fiktive Servicesituation beschrieben. Der größte Nachteil dieses Vorgehens besteht darin, dass sich die Teilnehmer nicht richtig in die Situation hineinversetzen können. Dies kann dazu führen, dass die teilnehmenden Personen nicht in der Art und Weise reagieren, wie sie es in einer echten Servicesituation getan hätten (Wirtz & Mattila, 2004, p. 163). Gerade wenn eine Untersuchung darauf abzielt Emotionen zu messen, wäre eine Alternative, die Szenarien durch Tonbandaufnahmen oder Videoaufnahmen zu präsentieren, um die Situation emotional aufzuladen.

Zudem lässt sich festhalten, dass alle Szenarien eine Situation im Flugreisekontext beschrieben haben. So handelte es sich immer um eine Verspätung des Abflugs. Aus dieser Tatsache ergeben sich zwei Limitationen der durchgeführten Untersuchung. Es kann nicht gewährleistet werden, dass die Ergebnisse auf andere Servicebranchen übertragbar sind. So kann nicht davon ausgegangen werden, dass die gleichen Resultate erzielt werden, wenn eine andere Dienstleistungsbranche untersucht wird. Selbst innerhalb der Branche beziehen sich die hier gewonnenen Erkenntnisse ausschließlich auf eine Verspätung des Abfluges. So wurden andere potenzielle Fehler, wie bspw. verlorengegangenes Gepäck, in dieser Arbeit nicht untersucht. Hieraus ergeben sich jedoch einige Implikationen für zukünftige Forschung. So wäre es durchaus sinnvoll, die Thematik dieser Arbeit auf andere Dienstleistungsbranchen zu übertragen und die Ergebnisse miteinander zu vergleichen, um festzustellen, ob es sich bei dem Service Recovery Paradox aus Sicht von Customer Delight um ein branchen-übergreifendes Phänomen handelt, oder ob die Ergebnisse eher branchen-spezifisch zu interpretieren sind. Auch sollten innerhalb der Branchen verschiedene Formen von Fehlern untersucht werden, um ein umfassendes Verständnis generieren zu können. Einige Besonderheiten können hierbei Dienstleistungen aufweisen, die online in Anspruch genommen werden und bei denen die Kommunikation zwischen Anbieter und Kunden über Online Portale abgewickelt wird (Demmelmair, Most, & Bartsch, 2012, p. 452; Braun, Demmelmair, & Bartsch, 2014, p. 61). Auch hier gilt es zu untersuchen, ob und unter welchen Bedingungen ein Recoveryprozess zu Customer Delight führen kann und welche Aspekte bei der Konkreten Ausführung zu beachten sind.

Eine weitere wichtige Einschränkung dieser Arbeit liegt in dem untersuchten Sample. Die verwendete Stichprobe bestand ausschließlich aus Bachelor- bzw. Masterstudenten. Es ist möglich, dass andere Kundensegmente, bspw. Geschäftsreisende, in einer anderen Art auf einen Fehler und Recoverybemühungen reagieren. So wäre eine Untersuchung der gleichen Thematik mit einer Stichprobe, welche vorwiegend aus Geschäfts- und Vielfliegern besteht, eine sinnvolle und wichtige Ergänzung zu den hier vorliegenden Ergebnissen.

Weiter wäre es vor allem für die Unternehmenspraxis von großem Wert, wenn untersucht werden würde, ab welcher Kompensationshöhe ein Service Recovery Paradox-Effekt auf Customer Delight eintritt. Hierzu sollte eine Studie angestellt werden, welche sich ausschließlich mit der Kompensation beschäftigt und diese über verschiedene Branchen hinweg in fein abgestuften Niveaus manipuliert. Somit könnten finanzielle Rücklagen für Schadensfälle besser geplant werden und Verschwendungen dieser Ressourcen könnten vermieden werden.

Auch wurde in dieser Arbeit nur der Einfluss des Fehlerausmaßes, einer Kompensation sowie eines höflichen Umgangs mit einer Entschuldigung untersucht. Dies stellt nur eine kleine Auswahl möglicher unabhängiger Variablen im Service Recovery Kontext dar. So sollte bestehende Literatur zu der Thematik der Service Recovery auf weitere Faktoren hin studiert werden, um weitere wichtige Einflussgrößen zu identifizieren und deren Effekt auf Customer Delight zu untersuchen.

Abschließend lässt sich festhalten, dass die emotionalen Reaktionen des Kunden im Recoveryprozess, speziell im positiven Fall, noch zu wenig beachtet wurden. Diese Studie konnte zeigen, dass Customer Delight für die Erforschung des Service Recovery Paradox von hoher praktischer und wissenschaftlicher Relevanz ist. Auf Basis der Ergebnisse dieser Studie kann die Forderung ausgesprochen werden, dass zukünftige Forschung sich neben Zufriedenheit stärker auf Customer Delight konzentriert, damit ein ebenso umfassendes Verständnis von Customer Delight generiert werden kann, wie es von Zufriedenheit bereits erarbeitet wurde.

# Anhang

## Anhang A: Szenarien im Pre-Test

**Fehler klein, Kompensation hoch, Umgang höflich (Szenario1)**

Stellen Sie sich bitte folgende Situation vor: Es ist Samstag 12.00 Uhr mittags. Sie sind am Münchner Flughafen, um mit dem von Ihnen gebuchten Flug mit „Flystar" nach Frankfurt zu fliegen. Ihre Lieblings-Tante feiert dort im Rahmen eines Abendessens ihren fünfzigsten Geburtstag. Da Sie nicht zu spät kommen und Stress vermeiden wollen, buchten Sie bereits einen Flug um 14.00 Uhr. Als Sie jedoch am Gate ankommen, sehen Sie auf der Anzeigetafel, dass Ihr Flug **zwei Stunden Verspätung** hat. Als Sie sich am Gate an einen Mitarbeiter der Fluggesellschaft wenden, antwortet dieser: „Wegen des schlechten Wetters kommt es zu diesen Verspätungen. Es tut mir wirklich außerordentlich leid, aber das Wetter können wir leider nicht beeinflussen." Er **entschuldigt sich mehrmals** für die Unannehmlichkeiten. Es wird Ihnen ein **zehn prozentiger Nachlass** auf den Flugpreis angeboten. Auch dürfen Sie für die unerwartete Wartezeit, die **„Goldlounge"**, welche sonst für Kunden mit einem besonderen Status vorgesehen ist, mit allen Annehmlichkeiten in Anspruch nehmen. Nach den angekündigten zwei Stunden steht Ihr Flieger zum Abflug bereit. Der Flug verläuft reibungslos und Sie kommen mit zwei Stunden Verspätung in Frankfurt an. An dem Abendessen Ihrer Tante, können Sie wie geplant pünktlich teilnehmen.

**Fehler groß, Kompensation hoch, Umgang höflich (Szenario 2)**

Stellen Sie sich bitte folgende Situation vor: Es ist Samstag 12.00 Uhr mittags. Sie sind am Münchner Flughafen, um mit dem von Ihnen gebuchten Flug mit „Flystar" nach Frankfurt zu fliegen. Ihre Lieblings-Tante feiert dort im Rahmen eines Abendessens ihren fünfzigsten Geburtstag. Da Sie nicht zu spät kommen und Stress vermeiden wollen, buchten Sie bereits einen Flug um 14.00 Uhr. Als Sie jedoch am Gate ankommen, sehen Sie auf der Anzeigetafel, dass Ihr Flug **fünf Stunden Verspätung** hat. Als Sie sich am Gate an einen Mitarbeiter der Fluggesellschaft wenden, antwortet dieser: „Wegen des schlechten Wetters kommt es zu diesen Verspätungen. Es tut mir wirklich außerordentlich leid, aber das Wetter können wir leider nicht beeinflussen." Er **entschuldigt sich mehrmals** für die Unannehmlichkeiten. Es wird Ihnen ein **zehn prozentiger Nachlass** auf den Flugpreis angeboten. Auch dürfen Sie für die unerwartete Wartezeit, die **„Goldlounge"**, welche sonst für Kunden mit einem besonderen Status vorgesehen ist, mit allen Annehmlichkeiten in Anspruch nehmen. Nach den angekündigten fünf Stunden steht Ihr Flieger zum Abflug bereit. Der Flug verläuft reibungslos und Sie kommen mit fünf Stunden Verspätung in Frankfurt an. Aufgrund dieser Verzögerung, kommen Sie zu dem Abendessen ihrer Tante jedoch mit erheblicher Verspätung an.

**Fehler klein, Kompensation niedrig, Umgang höflich (Szenario 3)**

Stellen Sie sich bitte folgende Situation vor: Es ist Samstag 12.00 Uhr mittags. Sie sind am Münchner Flughafen, um mit dem von Ihnen gebuchten Flug mit „Flystar" nach Frankfurt zu fliegen. Ihre Lieblings-Tante feiert dort im Rahmen eines Abendessens Ihren fünfzigsten Geburtstag. Da Sie nicht zu spät kommen und Stress vermeiden wollen, buchten Sie bereits einen Flug um 14.00 Uhr. Als Sie jedoch am Gate ankommen, sehen Sie auf der Anzeigetafel, dass Ihr Flug **zwei Stunden Verspätung** hat. Als Sie sich am Gate an einen Mitarbeiter der Fluggesellschaft wenden, antwortet dieser: „Wegen des schlechten Wetters kommt es zu diesen Verspätungen. Es tut mir wirklich außerordentlich leid, aber das Wetter können wir leider nicht beeinflussen." Er **entschuldigt sich mehrmals** für die Unannehmlichkeiten. Eine **Entschädigung** wird Ihnen **nicht angeboten**. Nach den angekündigten zwei Stunden steht Ihr Flieger zum Abflug bereit. Der Flug verläuft reibungslos und Sie kommen mit zwei Stunden Verspätung in Frankfurt an. An dem Abendessen Ihrer Tante, können Sie wie geplant pünktlich teilnehmen.

**Fehler klein, Kompensation hoch, Umgang unhöflich (Szenario 4)**

Stellen sie sich bitte folgende Situation vor: Es ist Samstag 12.00 Uhr mittags. Sie sind am Münchner Flughafen, um mit dem von Ihnen gebuchten Flug mit „Flystar" nach Frankfurt zu fliegen. Ihre Lieblings-Tante feiert dort im Rahmen eines Abendessens ihren fünfzigsten Geburtstag. Da Sie nicht zu spät kommen und Stress vermeiden wollen, buchten Sie bereits einen Flug um 14.00 Uhr. Als Sie jedoch am Gate ankommen, sehen sie auf der Anzeigetafel, dass ihr Flug **zwei Stunden Verspätung** hat. Als Sie sich am Gate an einen Mitarbeiter der Fluggesellschaft wenden, antwortet dieser: „Tja, ist halt schlechtes Wetter, dass kommt vor. Da können wir jetzt auch nichts machen. Mit sowas muss man rechnen." Eine **Entschuldigung** wird hierbei **nicht ausgesprochen**. Es wird Ihnen ein **zehn prozentiger Nachlass** auf den Flugpreis angeboten. Auch dürfen Sie für die unerwartete Wartezeit, die **„Goldlounge"**, welche sonst für Kunden der Airline mit einem besonderen Status vorgesehen ist, mit allen Annehmlichkeiten in Anspruch nehmen. Nach den angekündigten zwei Stunden steht Ihr Flieger zum Abflug bereit. Der Flug verläuft reibungslos und Sie kommen mit zwei Stunden Verspätung in Frankfurt an. An dem Abendessen Ihrer Tante, können Sie wie geplant pünktlich teilnehmen.

**Fehler klein, Kompensation niedrig, Umgang unhöflich(Szenario 5)**

Stellen Sie sich bitte folgende Situation vor: Es ist Samstag 12.00 Uhr mittags. Sie sind am Münchner Flughafen, um mit dem von Ihnen gebuchten Flug mit „Flystar" nach Frankfurt zu fliegen. Ihre Lieblings-Tante feiert dort im Rahmen eines Abendessens ihren fünfzigsten Geburtstag. Da Sie nicht zu spät kommen und Stress vermeiden wollen, buchten Sie bereits einen Flug um 14.00 Uhr. Als Sie jedoch am Gate ankommen, sehen Sie auf der Anzeigetafel, dass Ihr Flug **zwei Stunden Verspätung** hat. Als Sie sich am Gate an einen Mitarbeiter der Fluggesellschaft wenden, antwortet dieser: „Tja, ist halt schlechtes Wetter, dass kommt vor. Da können wir jetzt auch nichts machen. Mit sowas muss man rechnen." Eine **Entschuldigung** wird hierbei **nicht ausgesprochen**, auch wird Ihnen **keine Entschädigung** angeboten. Nach den angekündigten zwei Stunden steht Ihr Flieger zum Abflug bereit. Der Flug verläuft reibungslos und Sie kommen mit zwei Stunden Verspätung in Frankfurt an. An dem Abendessen Ihrer Tante, können Sie wie geplant pünktlich teilnehmen.

**Fehler groß, Kompensation niedrig, Umgang unhöflich (Szenario 6)**

Stellen Sie sich bitte folgende Situation vor: Es ist Samstag 12.00 Uhr mittags. Sie sind am Münchner Flughafen, um mit dem von Ihnen gebuchten Flug mit „Flystar" nach Frankfurt zu fliegen. Ihre Lieblings-Tante feiert dort im Rahmen eines Abendessens ihren fünfzigsten Geburtstag. Da Sie nicht zu spät kommen und Stress vermeiden wollen, buchten Sie bereits einen Flug um 14.00 Uhr. Als Sie jedoch am Gate ankommen, sehen Sie auf der Anzeigetafel, dass ihr Flug **fünf Stunden Verspätung** hat. Als Sie sich am Gate an einen Mitarbeiter der Fluggesellschaft wenden, antwortet dieser: „Tja, ist halt schlechtes Wetter, dass kommt vor. Da können wir jetzt auch nichts machen. Mit sowas muss man rechnen." Eine **Entschuldigung** wird hierbei **nicht ausgesprochen**, auch wird Ihnen **keine Entschädigung** angeboten. Nach den angekündigten fünf Stunden steht Ihr Flieger zum Abflug bereit. Der Flug verläuft reibungslos und Sie kommen mit fünf Stunden Verspätung in Frankfurt an. Aufgrund dieser Verzögerung, kommen Sie zu dem Abendessen Ihrer Tante jedoch mit erheblicher Verspätung an.

**Fehler groß, Kompensation hoch, Umgang unhöflich (Szenario 7)**

Stellen Sie sich bitte folgende Situation vor: Es ist Samstag 14.00 Uhr mittags. Sie sind am Münchner Flughafen, um mit dem von Ihnen gebuchten Flug mit „Flystar" nach Frankfurt zu fliegen. Ihre Lieblings-Tante feiert dort im Rahmen eines Abendessens ihren fünfzigsten Geburtstag. Da Sie nicht zu spät

Gate ankommen, sehen Sie auf der Anzeigetafel, dass Ihr Flug **fünf Stunden Verspätung** hat. Als Sie sich am Gate an einen Mitarbeiter der Fluggesellschaft wenden, antwortet dieser: „Tja, ist halt schlechtes Wetter, dass kommt vor. Da können wir jetzt auch nichts machen. Mit sowas muss man rechnen." Eine **Entschuldigung** wird hierbei **nicht ausgesprochen**. Es wird Ihnen ein **zehn prozentiger Nachlass** auf den Flugpreis angeboten. Auch dürfen Sie für die unerwartete Wartezeit die **„Goldlounge",** welche sonst für Kunden der Airline mit einem besonderen Status vorgesehen ist, mit allen Annehmlichkeiten in Anspruch nehmen. Nach den angekündigten fünf Stunden steht Ihr Flieger zum Abflug bereit. Der Flug verläuft reibungslos und Sie kommen mit fünf Stunden Verspätung in Frankfurt an. Aufgrund dieser Verzögerung, kommen Sie zu dem Abendessen Ihrer Tante jedoch mit erheblicher Verspätung an.

**Fehler groß, Kompensation niedrig, Umgang höflich (Szenario 8)**

Stellen Sie sich bitte folgende Situation vor: Es ist Samstag 12.00 Uhr mittags. Sie sind am Münchner Flughafen, um mit dem von Ihnen gebuchten Flug mit „Flystar" nach Frankfurt zu fliegen. Ihre Lieblings-Tante feiert dort im Rahmen eines Abendessens ihren fünfzigsten Geburtstag. Da Sie nicht zu spät kommen und Stress vermeiden wollen, buchten Sie bereits einen Flug um 14.00 Uhr. Als Sie jedoch am Gate ankommen, sehen Sie auf der Anzeigetafel, dass ihr Flug **fünf Stunden Verspätung** hat. Als Sie sich am Gate an einen Mitarbeiter der Fluggesellschaft wenden, antwortet dieser: „Wegen des schlechten Wetters kommt es zu diesen Verspätungen. Es tut mir wirklich außerordentlich leid, aber das Wetter können wir leider nicht beeinflussen." Er **entschuldigt sich mehrmals** für die Unannehmlichkeiten. Eine **Entschädigung** wird Ihnen **nicht angeboten**. Nach den angekündigten fünf Stunden steht Ihr Flieger zum Abflug bereit. Der Flug verläuft reibungslos und Sie kommen mit fünf Stunden Verspätung in Frankfurt an. Aufgrund dieser Verzögerung, kommen Sie zu dem Abendessen Ihrer Tante jedoch mit erheblicher Verspätung an.

**Kontrollszenario ohne Verspätung (Szenario 9)**

Stellen Sie sich bitte folgende Situation vor: Es ist Samstag 12.00 Uhr mittags. Sie sind am Münchner Flughafen, um mit dem von Ihnen gebuchten Flug mit „Flystar" nach Frankfurt zu fliegen. Ihre Lieblings-Tante feiert dort im Rahmen eines Abendessens ihren fünfzigsten Geburtstag. Da Sie nicht zu spät kommen und Stress vermeiden wollen, buchten Sie bereits einen Flug um 14.00 Uhr. Als Sie am Gate ankommen verläuft alles zügig und die Crew ist freundlich. Der Abflug erfolgt pünktlich, und der Flug verläuft reibungslos. Sie kommen in Frankfurt an und haben genug Zeit um rechtzeitig zu den Geburtstagsfeierlichkeiten zu erscheinen.

## Anhang B: Verwendete Skalen und Items im Pre-Test

| Konstrukt/Quelle | Items (deutsch; angepasst) | Reliabilität Quelle (CA) |
|---|---|---|
| **Customer Delight**<br>(Wang, 2011)<br>(Finn, 2005) | Während des Ereignisses mit der Fluggesellschaft fühlte ich mich… | n.a. |
| | 1. erstaunt. | |
| | 2. überrascht. | |
| | 3. angeregt. | |
| | 4. enthusiastisch. | |
| | 5. begeistert. | |
| | 6. glücklich. | |
| | 7. erfreut. | |
| **Customer Delight**<br>(Wang, 2011)<br>(Ofir & Simonson, 2007) | Basierend auf der gesamten Erfahrung mit dieser Airline bin ich begeistert. | n.a. |
| **Kundenzufriedenheit**<br>(Hombrug & Fürst, 2005)<br>(Maxham & Netemeyer, 2003) | 1. Insgesamt war es eine gute Idee, die Dienstleistung bei dieser Airline in Anspruch zu nehmen. | 0,94 |
| | 2. Insgesamt war ich sehr zufrieden mit der Airline. | |
| | 3. Insgesamt hatte ich mit der Airline eine sehr positive Erfahrung. | |
| **Kundenzufriedenheit**<br>(Wang, 2011)<br>(Ofir & Simonson, 2007) | Basierend auf der gesamten Erfahrung mit dieser Airline bin ich zufrieden. | n.a. |
| **Fehlerausmaß**<br>(Hess et al., 2003)<br>(Munzel, 2011) | 1. Das dargestellte Problem ist meiner Meinung nach schwerwiegend. | 0,96 |
| | 2. Das dargestellte Problem ist meiner Meinung nach unbedeutend. | |
| | 3. Das dargestellte Problem ist meiner Meinung nach erheblich. | |
| **Kompensation**<br>(McCollough et al., 2000)<br>(Oliver & Swan, 1989) | 1. Aus der Situation ergab sich für mich eine sehr positive Entschädigung. | 0,83 |
| | 2. Ich wurde für meine Kosten mehr als ausreichend entschädigt. | |
| | 3. Ich wurde für meine Unannehmlichkeiten mehr als ausreichend entschädigt. | |
| | 4. Aus der Situation ergab sich für mich mehr als für die Airline. | |
| **Umgangston**<br>(Weun et al., 2004) | 1. Der Mitarbeiter war unfreundlich. | 0,96 |
| | 2. Der Mitarbeiter behandelte mich höflich. | |
| | 3. Der Mitarbeiter entschuldigte sich für meine Unannehmlichkeiten. | |
| | 4. Ich fühlte mich unhöflich behandelt. | |

| Konstrukt/Quelle | Items (deutsch; angepasst) | Reliabilität Quelle (CA) |
|---|---|---|
| **Diskonfirmation** (McCollough et al., 2000) | 1. Im Bezug auf die Verspätung, hätte ich mir mehr von der Airline erwartet. | 0,75 |
| | 2. Die Entschädigung, die die Airline mir für mein Problem anbot, war viel besser als ich es erwartet hätte. | |
| | 3. Ich hätte erwartet, dass die Airline mehr für mich macht. | |
| **Situatives Involvment** (Houston & Walker, 1996) (Zaichkowsky, 1994) | 1. In der beschriebenen Situation ist die Dienstleistung sehr wichtig für mich. | n.a. |
| | 2. In der beschriebenen Situation ist die Dienstleistung mir ein großes Anliegen. | |
| | 3. In der beschriebenen Situation ist die Dienstleistung irrelevant für mich. | |
| | 4. In der beschriebenen Situation ist die Dienstleistung ohne großen Wert für mich. | |
| | 5. In der beschriebenen Situation ist die Dienstleistung sehr wesentlich für mich. | |

# Anhang C: Szenarien der Haupterhebung

**Fehler klein, Kompensation hoch, Umgang höflich (Szenario1)**

Stellen Sie sich bitte folgende Situation vor: Es ist Samstag 12.00 Uhr mittags. Sie sind am Münchner Flughafen, um mit dem von Ihnen gebuchten Flug mit „Flystar" nach London zu fliegen. Ihre Lieblings-Tante feiert dort im Rahmen eines Abendessens ihren fünfzigsten Geburtstag. Da Sie nicht zu spät kommen und Stress vermeiden wollen, buchten Sie bereits einen Flug um 14.00 Uhr. Als Sie jedoch am Gate ankommen, sehen Sie auf der Anzeigetafel, dass Ihr Flug **eine Stunde Verspätung** hat. Als Sie sich am Gate an einen Mitarbeiter der Fluggesellschaft wenden, antwortet dieser: „Wegen des schlechten Wetters kommt es zu diesen Verspätungen. Es tut mir wirklich außerordentlich leid, aber das Wetter können wir leider nicht beeinflussen." Er **entschuldigt sich mehrmals** für die Unannehmlichkeiten. Es wird Ihnen ein **20%iger Nachlass** auf den Flugpreis angeboten. Auch dürfen Sie für die unerwartete Wartezeit, die **„Goldlounge",** welche sonst für Kunden mit einem besonderen Status vorgesehen ist, **mit allen Annehmlichkeiten** in Anspruch nehmen. Nach der angekündigten Verspätung steht Ihr Flieger zum Abflug bereit. Der Flug verläuft reibungslos und Sie kommen mit einer Stunde Verspätung in London an. An dem Abendessen Ihrer Tante, können Sie wie geplant pünktlich teilnehmen.

**Fehler groß, Kompensation hoch, Umgang höflich (Szenario 2)**

Stellen Sie sich bitte folgende Situation vor: Es ist Samstag 12.00 Uhr mittags. Sie sind am Münchner Flughafen, um mit dem von Ihnen gebuchten Flug mit „Flystar" nach London zu fliegen. Ihre Lieblings-Tante feiert dort im Rahmen eines Abendessens ihren fünfzigsten Geburtstag. Da Sie nicht zu spät kommen und Stress vermeiden wollen, buchten Sie bereits einen Flug um 14.00 Uhr. Als Sie jedoch am Gate ankommen, sehen Sie auf der Anzeigetafel, dass Ihr Flug **fünf Stunden Verspätung** hat. Als Sie sich am Gate an einen Mitarbeiter der Fluggesellschaft wenden, antwortet dieser: „Wegen des schlechten Wetters kommt es zu diesen Verspätungen. Es tut mir wirklich außerordentlich leid, aber das Wetter können wir leider nicht beeinflussen." Er **entschuldigt sich mehrmals** für die Unannehmlichkeiten. Es wird Ihnen ein **20%iger Nachlass** auf den Flugpreis angeboten. Auch dürfen Sie für die unerwartete Wartezeit, die **„Goldlounge",** welche sonst für Kunden mit einem besonderen Status vorgesehen ist, **mit allen Annehmlichkeiten** in Anspruch nehmen. Nach den angekündigten fünf Stunden steht Ihr Flieger zum Abflug bereit. Der Flug verläuft reibungslos und Sie kommen mit fünf Stunden Verspätung in London an. Aufgrund dieser Verzögerung, kommen Sie zu dem Abendessen ihrer Tante jedoch mit erheblicher Verspätung an.

**Fehler klein, Kompensation niedrig, Umgang höflich (Szenario 3)**

Stellen Sie sich bitte folgende Situation vor: Es ist Samstag 12.00 Uhr mittags. Sie sind am Münchner Flughafen, um mit dem von Ihnen gebuchten Flug mit „Flystar" nach London zu fliegen. Ihre Lieblings-Tante feiert dort im Rahmen eines Abendessens Ihren fünfzigsten Geburtstag. Da Sie nicht zu spät kommen und Stress vermeiden wollen buchten Sie bereits einen Flug um 14.00 Uhr. Als Sie jedoch am Gate ankommen, sehen Sie auf der Anzeigetafel, dass Ihr Flug **eine Stunde Verspätung** hat. Als Sie sich am Gate an einen Mitarbeiter der Fluggesellschaft wenden, antwortet dieser: „Wegen des schlechten Wetters kommt es zu diesen Verspätungen. Es tut mir wirklich außerordentlich leid, aber das Wetter können wir leider nicht beeinflussen." Er **entschuldigt sich mehrmals** für die Unannehmlichkeiten. Eine **Entschädigung** wird Ihnen **nicht angeboten**. Nach der angekündigten Verspätung steht Ihr Flieger zum Abflug bereit. Der Flug verläuft reibungslos und Sie kommen mit einer Stunde Verspätung in London an. An dem Abendessen Ihrer Tante, können Sie wie geplant pünktlich teilnehmen.

**Fehler klein, Kompensation hoch, Umgang unhöflich (Szenario 4)**

Stellen Sie sich bitte folgende Situation vor: Es ist Samstag 12.00 Uhr mittags. Sie sind am Münchner

Tante feiert dort im Rahmen eines Abendessens ihren fünfzigsten Geburtstag. Da Sie nicht zu spät kommen und Stress vermeiden wollen, buchten Sie bereits einen Flug um 14.00 Uhr. Als Sie jedoch am Gate ankommen, sehen sie auf der Anzeigetafel, dass ihr Flug **eine Stunde Verspätung** hat. Als Sie sich am Gate an einen Mitarbeiter der Fluggesellschaft wenden, antwortet dieser: „Tja, ist halt schlechtes Wetter, das kommt vor. Da können wir jetzt auch nichts machen. Mit sowas muss man rechnen." Eine **Entschuldigung** wird hierbei **nicht ausgesprochen**. Es wird Ihnen ein **20%iger Nachlass** auf den Flugpreis angeboten. Auch dürfen Sie für die unerwartete Wartezeit, die **„Goldlounge"**, welche sonst für Kunden der Airline mit einem besonderen Status vorgesehen ist, **mit allen Annehmlichkeiten** in Anspruch nehmen. Nach der angekündigten Verspätung steht Ihr Flieger zum Abflug bereit. Der Flug verläuft reibungslos und Sie kommen mit einer Stunde Verspätung in London an. An dem Abendessen Ihrer Tante, können Sie wie geplant pünktlich teilnehmen.

**Fehler klein, Kompensation niedrig, Umgang unhöflich (Szenario 5)**

Stellen Sie sich bitte folgende Situation vor: Es ist Samstag 12.00 Uhr mittags. Sie sind am Münchner Flughafen, um mit dem von Ihnen gebuchten Flug mit „Flystar" nach London zu fliegen. Ihre Lieblings-Tante feiert dort im Rahmen eines Abendessens ihren fünfzigsten Geburtstag. Da Sie nicht zu spät kommen und Stress vermeiden wollen, buchten Sie bereits einen Flug um 14.00 Uhr. Als Sie jedoch am Gate ankommen, sehen Sie auf der Anzeigetafel, dass Ihr Flug **eine Stunde Verspätung** hat. Als Sie sich am Gate an einen Mitarbeiter der Fluggesellschaft wenden, antwortet dieser: „Tja, ist halt schlechtes Wetter, das kommt vor. Da können wir jetzt auch nichts machen. Mit sowas muss man rechnen." Eine **Entschuldigung** wird hierbei **nicht ausgesprochen**, auch wird Ihnen **keine Entschädigung** angeboten. Nach der angekündigten Verspätung steht Ihr Flieger zum Abflug bereit. Der Flug verläuft reibungslos und Sie kommen mit einer Stunde Verspätung in London an. An dem Abendessen Ihrer Tante, können Sie wie geplant pünktlich teilnehmen.

**Fehler groß, Kompensation niedrig, Umgang unhöflich (Szenario 6)**

Stellen Sie sich bitte folgende Situation vor: Es ist Samstag 12.00 Uhr mittags. Sie sind am Münchner Flughafen, um mit dem von Ihnen gebuchten Flug mit „Flystar" nach London zu fliegen. Ihre Lieblings-Tante feiert dort im Rahmen eines Abendessens ihren fünfzigsten Geburtstag. Da Sie nicht zu spät kommen und Stress vermeiden wollen, buchten Sie bereits einen Flug um 14.00 Uhr. Als Sie jedoch am Gate ankommen, sehen Sie auf der Anzeigetafel, dass ihr Flug **fünf Stunden Verspätung** hat. Als Sie sich am Gate an einen Mitarbeiter der Fluggesellschaft wenden, antwortet dieser: „Tja, ist halt schlechtes Wetter, das kommt vor. Da können wir jetzt auch nichts machen. Mit sowas muss man rechnen." Eine **Entschuldigung** wird hierbei **nicht ausgesprochen**, auch wird Ihnen **keine Entschädigung** angeboten. Nach den angekündigten fünf Stunden steht Ihr Flieger zum Abflug bereit. Der Flug verläuft reibungslos und Sie kommen mit fünf Stunden Verspätung in London an. Aufgrund dieser Verzögerung, kommen Sie zu dem Abendessen Ihrer Tante jedoch mit erheblicher Verspätung an.

**Fehler groß, Kompensation hoch, Umgang unhöflich (Szenario 7)**

Stellen Sie sich bitte folgende Situation vor: Es ist Samstag 12.00 Uhr mittags. Sie sind am Münchner Flughafen, um mit dem von Ihnen gebuchten Flug mit „Flystar" nach London zu fliegen. Ihre Lieblings-Tante feiert dort im Rahmen eines Abendessens ihren fünfzigsten Geburtstag. Da Sie nicht zu spät kommen und Stress vermeiden wollen, buchten Sie bereits einen Flug um 14.00 Uhr. Als Sie jedoch am Gate ankommen, sehen Sie auf der Anzeigetafel, dass Ihr Flug **fünf Stunden Verspätung** hat. Als Sie sich am Gate an einen Mitarbeiter der Fluggesellschaft wenden, antwortet dieser: „Tja, ist halt schlechtes Wetter, das kommt vor. Da können wir jetzt auch nichts machen. Mit sowas muss man rechnen." Eine **Entschuldigung** wird hierbei **nicht ausgesprochen**. Es wird Ihnen ein **20%iger Nachlass** auf den Flugpreis angeboten. Auch dürfen Sie für die unerwartete Wartezeit die **„Goldlounge"**, welche sonst für

Kunden der Airline mit einem besonderen Status vorgesehen ist, **mit allen Annehmlichkeiten** in Anspruch nehmen. Nach den angekündigten fünf Stunden steht Ihr Flieger zum Abflug bereit. Der Flug verläuft reibungslos und Sie kommen mit fünf Stunden Verspätung in London an. Aufgrund dieser Verzögerung, kommen Sie zu dem Abendessen Ihrer Tante jedoch mit erheblicher Verspätung an.

### Fehler groß, Kompensation niedrig, Umgang höflich (Szenario 8)

Stellen Sie sich bitte folgende Situation vor: Es ist Samstag 12.00 Uhr mittags. Sie sind am Münchner Flughafen, um mit dem von Ihnen gebuchten Flug mit „Flystar" nach London zu fliegen. Ihre Lieblings-Tante feiert dort im Rahmen eines Abendessens ihren fünfzigsten Geburtstag. Da Sie nicht zu spät kommen und Stress vermeiden wollen, buchten Sie bereits einen Flug um 14.00 Uhr. Als Sie jedoch am Gate ankommen, sehen Sie auf der Anzeigetafel, dass ihr Flug **fünf Stunden Verspätung** hat. Als Sie sich am Gate an einen Mitarbeiter der Fluggesellschaft wenden, antwortet dieser: „Wegen des schlechten Wetters kommt es zu diesen Verspätungen. Es tut mir wirklich außerordentlich leid, aber das Wetter können wir leider nicht beeinflussen." Er **entschuldigt sich mehrmals** für die Unannehmlichkeiten. Eine **Entschädigung** wird Ihnen **nicht angeboten**. Nach den angekündigten fünf Stunden steht Ihr Flieger zum Abflug bereit. Der Flug verläuft reibungslos und Sie kommen mit fünf Stunden Verspätung in London an. Aufgrund dieser Verzögerung, kommen Sie zu dem Abendessen Ihrer Tante jedoch mit erheblicher Verspätung an.

### Kontrollszenario ohne Verspätung (Szenario 9)

Stellen Sie sich bitte folgende Situation vor: Es ist Samstag 12.00 Uhr mittags. Sie sind am Münchner Flughafen, um mit dem von Ihnen gebuchten Flug mit „Flystar" nach London zu fliegen. Ihre Lieblings-Tante feiert dort im Rahmen eines Abendessens ihren fünfzigsten Geburtstag. Da Sie nicht zu spät kommen und Stress vermeiden wollen, buchten Sie bereits einen Flug am Vormittag. Als Sie am Gate ankommen, verläuft alles zügig und die Crew ist freundlich. Der Abflug erfolgt pünktlich und der Flug verläuft reibungslos. Sie kommen in London an und haben genug Zeit, um rechtzeitig zu den Geburtstagsfeierlichkeiten zu erscheinen.

| Konstrukt/Quelle | Items (deutsch; angepasst) | Reliabilität Quelle (CA) |
|---|---|---|
| **Customer Delight**<br>(Wang, 2011)<br>(Finn, 2005) | Während des Ereignisses mit der Fluggesellschaft fühlte ich mich… | n.a. |
| | 1. **angenehm** erstaunt. | |
| | 2. **positiv** überrascht. | |
| | 3. angeregt. | |
| | 4. enthusiastisch. | |
| | 5. begeistert. | |
| | 6. glücklich. | |
| | 7. erfreut. | |
| **Customer Delight**<br>(Wang, 2011)<br>(Ofir & Simonson, 2007) | Basierend auf der gesamten Erfahrung mit dieser Airline bin ich begeistert. | n.a. |

Literaturverzeichnis:

Achrol, R. S. (1991). Evolution of the Marketing Organization: New Forms for Turbulent Environments. *Journal of Marketing, 55*(4), 77-93.

Andreassen, T. W. (2000). Antecedents to satisfaction with service recovery. *European Journal of Marketing, 34*(1), 156-175.

Andreassen, T. W. (2001). From Disgust to Delight: Do Customers Hold a Grudge? *Journal of Service Research, 4*(1), 39-49

Bacon, L. (2010). Causal Research Desing: Experimentation In N. K. Malhotra (Ed.), *Marketing Research: An Applied Orientation* (pp. 248-301). New Jersey: Pearson Education Inc.

Baum, D., & Spann, M. (2011). Experimentelle Forschung im Marketing: Entwicklung und zukünftige Chancen. *Marketing - Zeitschrift für Forschung und Praxis, 33*(3), 179-191.

Bejou, D., & Palmer, A. (1998). Service failure and loyalty: an exploratory empirical study of airline customers. *Journal of Services Marketing, 12*(1), 7-22.

Bell, C. R., & Zemke, R. E. (1987). Service Breakdown: The Road to Recovery. *Management Review, 76*(10), 32-36.

Berman, B. (2005). How to Delight Your Customers. *California Management Review, 48*(1), 129-151.

Bitner, M. J., Booms, B. H., & Mohr, L. A. (1994). Critical Service Encounters: The Employee´s Viewpoint. *Journal of Marketing, 58*(4), 95-106.

Bitner, M. J., Booms, B. H., & Tetreault, M. S. (1990). The Service Encounter: Diagnosing Favorable and Unfavorable Incidents. *Journal of Marketing, 54*(1), 71-84.

Blodgett, J. G., Hill, D. J., & Tax, S. S. (1997). The Effects of Distributive, Procedural and Interactional Justice on Postcomplain Behavior. *Journal of Retailing, 73*(2), 185-210.

Braun, S., Demmelmair, M. F., & Bartsch, S. (2014). Akzeptanz des Online-Neuwagenvertriebs. *Marketing Review St. Gallen, 31(4),* 60-69.

Chandler, C. (1989). Quality: Beyond Customer Satisfaction. *Quality Progress, 22*(2), 30-32.

Demmelmair, M. F., Most, F., & Bartsch, S. (2012). Customer Experience bei Online Portalen–Erkenntnisse und Beispiele aus der Energieversorgerbranche. In *Customer Experience* (pp. 445-468). Gabler Verlag.

Estelami, H. (2000). Competitive and Procedural Determinants of Delight and Disappointment in Consumer Complaint Outcomes. *Journal of Service Research, 2*(3), 285-300.

Finn, A. (2005). Reassessing the Foundations of Customer Delight. *Journal of Service Research, 8*(2), 103-116.

Finn, A. (2012). Customer Delight: Distinct Construct or Zone of Nonlinear Response to Customer Satisfaction? *Journal of Service Research, 15*(1), 99-110.

Goodwin, C., & Ross, I. (1992). Consumer Responses to Service Failure: Influence of Procedural and Interactional Fairness Perceptions. *Journal of Business Research, 25*(2), 149-163.

Hart, C. W. L., Heskett, J. L., & Sasser Jr., E. W. (1990). The Profitable Art of Service Recovery. *Harvard Business Review, 68*(4), 148-156.

Hess, R. L. J., Ganesan, S., & Klein, N. M. (2003). Service Failure and Recovery: The Impact of Relationship Factors on Customer Satisfaction. *Journal of the Academy of Marketing Science, 31*(2), 127-145.

Hombrug, C., & Fürst, A. (2005). How Organizational Complaint Handling Drives Customer Loyalty: An Analysis of the Mechanistic and the Organic Approach. *Journal of Marketing 69*(3), 95-114.

Houston, M. B., & Walker, B. A. (1996). Self-Relevance and Purchase Goals: Mapping a Consumer Decision. *Journal of the Academy of Marketing Science, 24*(3), 232-245.

Johnston, R. (1995). The determinants of service quality: satisfiers and dissatisfiers. *Journal of Service Industry Management, 6*(5), 53-71.

Johnston, R. (2004). Towards a better understanding of service excellence. *Manging Service Quality, 14*(2), 129-133.

Johnston, R., & Fern, A. (1999). Service Recovery Strategies for Single and Double Deviation Scenarios. *The Service Industries Journal, 19*(2), 69-82.

Kuß, A. (2004). *Marktforschung: Grundlagen der Datenerhebung und Datenanalyse*. Wiesbaden: Springer Gabler.

Magnini, V. P., Crotts, J. C., & Zehrer, A. (2011). Understanding Customer Delight: An Application of Travel Blog Analysis. *Journal of Travel Research, 50*(5), 535-545.

Magnini, V. P., Ford, J. B., Markowski, E. P., & Honeycutt Jr, E. D. (2007). The service recovery paradox: justifiable theory or smoldering myth? *Journal of Service Marketing, 21*(3), 213-225.

Matos, C. A. d., Henrique, J. L., & Rossi, C. A. V. (2007). Service Recovery Paradox: A Meta-Analysis. *Journal of Service Research, 10*(1), 60-77.

Maxham, J. G. (2001). Service recovery's influence on consumer satisfaction, positive word-of-mouth, and purchase intentions. *Journal of Business Research, 54*(1), 11-24.

Maxham, J. G., & Netemeyer, R. G. (2003). Firms Reap What They Sow: The Effects of Shared Values and Perceived Organizational Justice on Customers' Evaluations of Complaint Handling. *Journal of Marketing, 67*(1), 46-62

Mccoll-Kennedy, J. R., & Smith, A. K. (2006). Customer Emotions in Service Failure and Recovery Encounters. In W. J. Zerbe, N. M. Ashkanasy & C. E. J. Härtel (Eds.), *Research on Emotion in Organizations: Individual and Organizational Perspectives on Emotion Management and Display* (pp. 237-268). Oxford: UK Elsevier.

Mccoll-Kennedy, J. R., & Sparks, B. A. (2003). Application of Fairness Theory to Service Failures and Service Recovery. *Journal of Service Research, 5*(3), 251-266.

McCollough, M. A., Berry, L. L., & Yadav, M. S. (2000). An Empirical Investigation of Customer Satisfaction after Service Failure and Recovery. *Journal of Service Research, 3*(2), 121-137.

Michel, S., & Meuter, M. L. (2008). The service recovery paradox: true but overrated? *International Journal of Service Industry Management, 19*(4), 441-457.

Miller, J. L., Craighead, C. W., & Karwan, K. R. (2000). Service Recovery: a framework and empirical investigation. *Journal of Operations Management, 18*(4), 387-400.

Morgan, R. M., & Hunt, S. D. (1994). The Commitment-Trust Theory for Relationship Marketing. *Journal of Marketing, 58*(3), 20-38.

Munzel, A. (2011). *Essays on Determinants and Consequences of Electronic Word of Mouth via Consumer Online Reviews.* Ludwig Maximillians Universität, München.

Ngobo, P.-V. (1999). Decreasing Returns in Customer Loyalty: Does It Really Matter to Delight the Customers? In E. J. Arnould & L. M. Scott (Eds.), *Advances of Consumer Research* (Vol. 26, pp. 469-476).

Ofir, C., & Simonson, I. (2007). The Effect of Stating Expectations on Customer Satisfaction and Shopping Experience. *Journal of Marketing Research, 73*(6), 164-174.

Oliva, T., Oliver, R. L., & MacMillian, I. C. (1992). A Catastrophe Model for Developing Service Satisfaction Strategies. *Journal of Marketing, 56*(3).

Oliver, R. L. (1980). A Cognitive Model of the Antecedents and Consequences of Satisfaction Decisions. *Journal of Marketing Research, 17*(4), 460-469.

Oliver, R. L. (1993). Cognitive, Affective, and Attribute Bases of the Satisfaction Response. *Journal of Consumer Research, 20*(3), 418-430.

Oliver, R. L., Rust, R. T., & Varki, S. (1997). Customer Delight: Foundations, Findings, and Managerial Insight. *Journal of Retailing, 73*(3), 311-336.

Oliver, R. L., & Swan, J. E. (1989). Consumer Perceptions of Interpersonal Equity and Satisfaction in Transactions: A Field Survey Approach. *Journal of Marketing, 53*(2), 21-35.

Patzer, G. L. (1996). *Experiment-Research in Marketing: Types and Applications*. Westport: Quorum Books.

Plutchik, R. (1980). *Emotion, a psychoevolutionary synthesis*. New York: Harper & Row.

Russell, J. A. (1980). A Cricumplex Model of Affect. *Journal of Personality and Social Psychology, 39*(6), 1161-1178.

Singh, J., & Widing, R. E. (1991). What Occurs Once Consumers Complain? A Theoratical Model for Understanding Satisfaction/Dissatisfaction Outcomes of Complain Responses. *European Journal of Marketing, 25*(5), 30-46.

Smith, A. K., & Bolton, R. N. (1998). An Experimental Investigation of Customer Reactions to Service Failure and Recovery Encounters: Paradox or Peril? *Journal of Service Research, 1*(1), 65-81.

Smith, A. K., Bolton, R. N., & Wagner, J. (1999). A Model of Customer Satisfaction with Service Encounters Involving Failure and Recovery. *Journal of Marketing Research, 36*(3), 356-372.

Tax, S. S., Brown, S. W., & Chandrashekaran, M. (1998). Customer Evaluations of Service Complaint Experiences: Implications for Relationship Marketing. *Journal of Marketing, 62*(2), 60-76.

Wang, X. (2011). The Effect of Unrelated Supporting Service Quality on Consumer Delight, Satisfaction, and Repurchase Intentions. *Journal of Service Research, 14*(2), 149-163.

Webster, C., & Sundaram, D. S. (1998). Service Consumption Criticality in Failure Recovery. *Journal of Business Research, 41*(2), 153-159.

Weun, S., Beatty, S. E., & Jones, M. A. (2004). The impact of service failure severity on service recovery evaluations and post-recovery relationships. *Journal of Service Marketing, 18*(2), 133-146.

Wirtz, J., & Mattila, A. S. (2004). Consumer responses to compensation, speed of recovery and apology after a service failure. *International Journal of Service Industry Management, 15*(2), 150-166.

Zaichkowsky, J. L. (1994). The Personal Invovlement Inventory: Reduction, Revision, and Application to Advertising. *Journal of Advertising, 23*(4), 59-70.